做个有心思的女孩

Successful Girl

赵涵蕾 ◎ 编著

图解版

中国纺织出版社有限公司

内 容 提 要

现代社会越来越浮躁，很多父母望女成凤，总是对女孩提出许多期望，女孩也容易陷入紧张焦虑的状态，并对未来产生迷茫和无助感。女孩们需要一些有效的引导和提点，来帮助她们解除困惑、摆脱束缚、看清前路……而除了父母和老师的教诲，书籍无疑是较佳的途径。

本书以培养有出息的女孩为目标，以儿童心理学知识为基础，从各个方面阐述了助力女孩成长的策略和方法，给予女孩切实有效的指导和帮助。相信在阅读完本书之后，不管是父母还是孩子都将有所感悟，有所收获。

图书在版编目（CIP）数据

做个有出息的女孩：图解版 / 赵涵蕾编著. --北京：中国纺织出版社有限公司，2023.3
ISBN 978-7-5180-9556-8

Ⅰ.①做… Ⅱ.①赵… Ⅲ.①女性—性格—培养—青少年读物 Ⅳ.①B848.6-49

中国版本图书馆CIP数据核字（2022）第087183号

责任编辑：刘桐妍　　责任校对：高　涵　　责任印制：储志伟

中国纺织出版社有限公司出版发行
地址：北京市朝阳区百子湾东里A407号楼　邮政编码：100124
销售电话：010—67004422　　传真：010—87155801
http://www.c-textilep.com
中国纺织出版社天猫旗舰店
官方微博 http://weibo.com/2119887771
三河市延风印装有限公司印刷　各地新华书店经销
2023年3月第1版第1次印刷
开本：710×1000　1/16　印张：10.5
字数：123千字　定价：49.80元

凡购本书，如有缺页、倒页、脱页，由本社图书营销中心调换

所有父母都希望自己的女儿健康快乐地成长，每一个父母都希望自己的女儿从容淡定处事，优雅幸福生活，然而，只怀有这样美好的愿望，并不能真正帮助女孩获得美满幸福的人生。作为父母，要想实现自己的期望，要想让女孩健康茁壮成长，获得快乐与幸福，就一定要给予女孩更多的帮助。

父母要认识到女孩与男孩的不同之处。女孩从刚出生就温柔安静。随着慢慢长大，她们敏感细腻的特点也日渐显现。和男孩相比，女孩更喜欢与人交流，在与人友善相处的过程中，她们能够获得安全感。女孩的心思更为细腻，非常敏感，和男孩的粗枝大叶截然不同。正是因为这些特性，使得女孩很容易捕捉到不容易被男孩注意的细节。女孩的直觉系统发育更为完善，虽然一直以来人们都认为女孩在某些事上不如男孩（如体力），但是事实证明，女孩具有的很多优势是男孩所没有的。

作为父母，要客观公正地看待女孩的诸多特点，既不要因为女孩的优势而盲目乐观，也不要因为女孩所表现出来的劣势而忧心忡忡。只有引导女孩健康快乐地成长，让女孩各个方面都得到均衡的发展，女孩才会越来越强大。

和很多成功者一样，女孩要想获得成功，也要树立远大的理想和志向，经历重重磨难。没有人能够一蹴而就获得成功，所以女孩要让自己获得全面发展，这样才能获得更大的人生舞台，尽情展示自己的魅力。

本书从各个方面阐述了养育女孩的细节，以及如何培养女孩优秀的品质。所以父母在阅读本书之后，对于如何教养女孩一定会有更加明确的认知。此外，本书还列举了大量案例，生动地为父母呈现了女孩成长过程中的各种烦恼，并且有针对性地提出了建议，这使父母对女孩的教育会更加有的放矢，卓有成效。

总而言之，要想成为有出息的女孩并不是一件容易的事情，女孩要全力以赴地投入生活之中，父母也要竭尽全力地给女孩提供更好的成长条件。只有父母与女孩齐心协力，成长才会更快乐，人生才会更幸福。

编著者

2022年1月

第一章　有出息的女孩干净整洁，以好形象面对世界 || 001

- 003　带着保持美丽的态度拥抱生命
- 005　干净清爽，让女孩气质出众
- 007　谁说"假小子"不能穿公主裙
- 010　美丽洁净，拥抱生命
- 012　美丽让女孩成为人间的天使
- 014　世界上并不缺少美，缺少的只是感受美的心灵

第二章　有出息的女孩温柔可爱，是人世间的小精灵 || 017

- 019　微笑，是绽放来自心底的花朵
- 021　爱，是女孩独特的妆容
- 023　提升修养，增强魅力
- 025　外表不是唯一重要
- 028　诚实是女孩最可贵的品质
- 030　懂得幽默的女孩处处受人欢迎

第三章　有出息的女孩坚持学习，自立自强才能自尊自重 || 033

- 035　用知识武装自己
- 037　争取更优秀
- 040　用发现的眼光挖掘自己的长处
- 043　坚持不懈，才能取得胜利
- 045　谁说女子不如男
- 047　正确对待批评

第四章 有出息的女孩坚持阅读，用书香浸润人生，丰实心灵 ‖ 049

- 053 书中自有颜如玉，书中自有黄金屋
- 055 以知识提升自己的智慧
- 057 越努力，越幸运
- 060 读书改变命运
- 063 打开书本，长出翅膀
- 064 学习，是一生的追求

第五章 有出息的女孩心怀宽容，乖巧懂事惹人爱 ‖ 065

- 069 心怀宽容，生活从容
- 071 永远别轻视他人
- 073 冤冤相报何时了
- 075 慷慨地赞美他人
- 078 扮演好自己的角色
- 080 原谅，让他们彻底醒悟

第六章 有出息的女孩自制自控，娇而不弱好脾气 ‖ 081

- 085 生命不息，折腾不止
- 087 不要为小事情耿耿于怀
- 090 坚强，让生命了无遗憾
- 092 忍辱负重，才能成大事
- 094 自律的女孩与众不同
- 096 远离坏脾气

第七章　有出息的女孩自信努力，以勤奋富足一生 ‖ 097

- 101　自己才是我们最大的敌人
- 103　提灯女神的故事
- 105　走自己的路，让别人说去吧
- 107　勤奋，是通往梦想之路
- 109　自信，助力我们走向成功
- 111　"拼命三郎"的春天

第八章　有出息的女孩勇敢坚强，敢作敢当扛起责任 ‖ 111

- 115　有勇气，才有未来
- 117　走过泥泞的道路，才能留下深刻的脚印
- 119　敢于承担责任
- 121　面对失败，勇往直前
- 124　以行动落实计划
- 127　用行动成就梦想

第九章　有出息的女孩有财商，爱财也会理财，却不贪财 ‖ 127

- 131　精打细算，花钱要物有所值
- 133　财商很重要
- 135　有计划地支配零花钱
- 138　学理财，宁早勿迟
- 141　当"月光族"一点儿也不时髦
- 144　打造金钱的"记忆"

第十章 有出息的女孩都有好人缘，朋友相伴行走天涯 ‖ 147

149 ◆ 有人相助是幸运
151 ◆ 记住他人的名字
153 ◆ 学会倾听，沟通水到渠成
155 ◆ 拥有大局观
157 ◆ 学会与朋友相处

参考文献 ‖ 160

第一章

有出息的女孩干净整洁，以好形象面对世界

对于每个人而言，形象都是非常重要的。良好的形象能够帮助我们在第一时间给他人留下良好的第一印象。在心理学上，第一印象的作用至关重要，只有给他人留下良好的第一印象，我们才能最终给他人留下好印象。尤其是作为女孩，更是要干净清爽，这样才能以好形象展示自己的面目。

带着保持美丽的态度拥抱生命

很多女性都喜欢用雅诗兰黛的化妆品,这是因为雅诗兰黛的化妆品在全世界都很有名气,为很多女性所熟知,也受到了很多女性的追捧。但是,很少有人知道雅诗兰黛化妆品集团的创始人艾斯泰的故事。

艾斯泰小时候家境普通,父母并没有太多钱供她读书,所以在初中还没有毕业的时候,她就从学校辍学了。因为年纪小做不了其他事情,艾斯泰只能走街串巷地推销舅舅研制的护肤膏。

每天,艾斯泰都挨家挨户地推销护肤膏。她早晨早早地出门,晚上天黑了才回家,非常辛苦。即便如此努力,她依然没有销售出去很多护肤膏,这使她感到非常苦恼,因而她常常思索问题到底出在哪里。

有一次,艾斯泰在推销护肤膏的时候,被一位女士拒绝了。她实在忍不住了,问这位女士:"请问,您到底为何拒绝我呢?"女士毫不留情地说:"我之所以拒绝你,并不是因为你的推销技巧有问题,而是因为你的形象很糟糕。一个形象如此糟糕的人,怎么可能销售高质量的化妆品呢?我可不想用完了你推销的化妆品之后,变得和你一样形象糟糕呀!"

听到这位女士的话,艾斯泰第一时间就感受到了她的侮辱之意,但是艾斯泰没有时间为自己争辩,更无暇介意这位女士的措辞和表达方式。相反,她非常兴奋,因为她终于知道了她推销不力的根本原因。从此之后,她致力于提升自己的形象与气质,再也不是一副风尘仆仆的模样。每天晚上,她都抽出时间把自己第二天要穿的衣服熨烫整齐,她还花费了一些钱为自己买了一些质地更好的衣服。对于鞋子,以前她总是穿着脏兮兮的鞋子四处奔走,现在她却把鞋子擦得干干净净，油光锃亮。当然，艾斯泰也没有忽略自己的"面子工程"，她终于舍得花钱买下了一瓶自己推销的护肤膏，并且耐心细致地把自己的皮肤调理得更加细嫩白皙。就这样，艾斯泰推销出去的化妆品越来越多，最终，她在销售领域做出了很伟大的成就。后来，她还有意识地提升自己的言谈举止，让自己表现得越来越像一个真正的大家闺秀。随着自身魅力的提升，艾斯泰的推销业绩水涨船高，最终成立了雅诗兰黛化妆品集团公司，为全世界的女性都带来了福音。

很多女性都不太在乎自己的形象，尤其是那些家庭妇女，每天都穿着软塌塌的睡衣，蓬头垢面，素面朝天，甚至连脸都没有时间洗。不得不说，这样的形象是极其糟糕的。一个人的外在形象代表了她在很多其他方面的表现，例如，能表现出一个人的性格气质，也能表现出一个人的仪表，甚至能够直接反映出一个人内心的世界到底是怎样的。所以说人的形象气质就是无形的名片。女孩要想打造自己良好的形象，就必须更加关注细节，这样才能以好形象示人，给他人留下良好的印象。

艾斯泰作为化妆品推销员，因为自身形象不佳，被人误以为她所推销的化妆品质量堪忧，后来她终于找到了原因，从改造自身形象开始，因此推销的业绩越来越好。最终，艾斯泰成就了雅诗兰黛化妆品牌。所以，我们也应该和艾斯泰一样主动反省自己对于美丽的态度。

一个女人即使再邋遢，在婚礼上也会呈现出自己最美丽的样子，这是因为她们非常看重婚礼。那么，女人如果能够看重自己生命中的每一天，就会坚持在生命中的每一天打造自己的良好形象，让自己心情愉悦地度过每一天。所以说，美丽不是一种对美的追求，而是一种生活态度的表现，更是女性人生观的表现。作为女性，如果你现在看到镜子里的自己不够美丽，那么一定要努力改变。

现代社会的生活节奏越来越快，工作的压力也越来越大，尤其是在职场上，竞争更是日益激烈。很多女性朋友疲于应付生活，每天朝九晚五地奔波，

有出息的女孩干净整洁，以好形象面对世界 第一章

所以不知不觉间就忽视了自己的形象。其实，很多事情都是密切相关的，不要认为花时间打扮自己就会耽误工作。反之，当你愿意花时间打扮自己的时候，你在工作上的效率会更高，这其中的关系是非常微妙的，我们应该用心感受。

很多时候，我们会羡慕他人拥有美丽的人生。与其盲目地羡慕他人，还不如及时地改正自己的不足之处，因为我们同样值得拥有美丽的人生。前提是，我们要带着美丽的态度拥抱生命。否则，如果只是对生命怀着敷衍了事的态度，那么人生就会充满阴霾，变得沉重且压抑，变得暗淡无色。

虽然青春永驻是不可能实现的梦想，但是美丽永驻却是每个人都可以实现的。只要我们始终怀着一颗追求美丽的心，怀着积极乐观的生活态度，就会变得更加美丽，也会变得更加可爱。即使80岁，我们也可以同样从容优雅，谁说只有年轻人才能享受美丽呢？美丽是每个人都拥有的权利，也是每个人都能创造的生命奇迹。

干净清爽，让女孩气质出众

甜甜妈妈是一名教育工作者，她非常爱干净。有的时候，甜甜看到妈妈对环境卫生吹毛求疵，还会说妈妈有洁癖呢！妈妈比较爱干净，而且妈妈还很注意培养甜甜的卫生习惯。例如，每天早上吃饭之前，妈妈都会要求甜甜洗漱，既要刷牙洗脸，也要把手清洗干净。每天甜甜下午放学回到家里，妈妈第一时间就让甜甜洗手洗脸，然后才能去做其他事情。偶尔，甜甜因为专注于做其他事情，或者是比较忙碌，或者是因为想偷懒，就会在卫生方面疏忽懈怠，妈妈便会毫不客气地批评甜甜。

有一天傍晚，甜甜回到家里感到特别饿，她看到餐桌上摆放着她最爱吃的红烧排骨，当即就伸出手拿了一块排骨啃起来。看到甜甜这么迫不及待地吃排骨，妈妈板起面孔质问甜甜："你洗手了吗？"甜甜说："妈妈，我在学校洗完手才回家的。"妈妈说："那也不行啊，你走路还会接触到很多脏东西，手上会沾染很多细菌。如果你不把手洗干净就吃饭，就有可能会引起肚子疼，如此养成了坏习惯，以后别人看到你这么不讲卫生也会对你留下糟糕印象的。"听到妈妈的话，甜甜只好先控制住自己肚子里的馋虫，赶紧去洗手。

对于洗手，只走流程可是远远不够的，妈妈还耐心地教会了甜甜怎样把手彻底清洗干净。日久天长，甜甜养成了良好的卫生习惯。妈妈不仅注重培养甜甜的个人卫生习惯，还很注重让甜甜保持干净整洁的穿着。例如，妈妈会给甜甜买一些颜色清爽的衣服，并且每天都会让甜甜换洗衣服。有的时候，甜甜感到很纳闷，就问妈妈："我们班同学好几天才换一次衣服，甚至有些同学一周才换一次衣服，为什么我每天都要换衣服呢？"妈妈笑起来说："衣服穿了一天，在学校里又要上体育课，既有汗味儿，又有很多泥土，这样就变得很脏。我们每天都清洗一遍衣服，很容易就清洗干净。最重要的是，每天穿着干净的衣服去学校，你的心情也会很愉悦。你身边的同学、老师看到你如此爱干净，讲卫生，当然都很愿意亲近你啊！"甜甜恍然大悟地说："难怪同学们都喜欢跟我玩呢，原来都是妈妈的功劳呀！以后我一定要爱干净，主动换洗衣服！"听到甜甜的话，妈妈高兴地点点头。

如果有两个孩子站在我们面前，一个孩子脏兮兮的，流着鼻涕，穿着肮脏不堪的衣服，一个孩子看起来非常干净，小脸和小手都洗得干干净净，穿的衣服也非常整洁，那么我们更喜欢和哪一个孩子相处呢？我们当然更喜欢那个干净清爽的小朋友了。虽然我们不会因此而讨厌那个脏兮兮的小朋友，但是我们的心里一定会有所偏好。作为女孩，一定要保持干净清爽，才能拥有出众的气质，才能得到他人的喜爱。

当然，任何好习惯的养成都不可能一蹴而就，作为女孩，要想养成良好的卫生习惯，就要坚持每天都把卫生做到位，从生活的点点滴滴着手，不打折扣有出息的女孩干净整洁，以好形象面对世界 第一章

地做到最好。只有始终坚持这些好习惯，把细节做得无可挑剔，女孩的行为才能真正地发生改变。

具体来说，要想养成良好的卫生习惯，女孩要做到很多方面的事情。例如，要经常洗手，饭前便后都要坚持洗手，从外面回到家里的时候也应该洗完手再去触碰家里的各种东西。在吃饭的时候，不要和别人共用一个水杯，也不要和别人共用一个碗。尤其是在别人有疾病的情况下，更是要保持饮食卫生，最好采取分餐制。在个人卫生方面，除了洗手之外，每天都应该坚持洗头洗澡，这样才能保持身体的干净清爽，也才能避免身体因为有太多的污渍而散发出异味。在洗完澡之后，我们还要勤换衣服。很多孩子年纪小，喜欢运动，身上总会有一些泥土，所以父母一定要给孩子勤换衣服。

除了要注重个人卫生之外，女孩还要讲究公共环境的卫生。在公开的场所里，一定不要随地吐痰，也不要把垃圾随手扔到地上。良好的公共卫生环境离不开每个人的努力，我们可以随身带一些纸巾、塑料袋等，用纸巾来擦鼻涕吐痰，用塑料袋来装各种垃圾，这样既能保证个人卫生，也能保护公共卫生环境，是一举两得的好事情。

谁说"假小子"不能穿公主裙

晨晨是个不折不扣的假小子，每天上蹿下跳，除了睡觉的时候能安静地躺在床上，平时总是不停地蹦来蹦去、跳来跳去，片刻也不能安静。她还特别喜欢躺在地上打滚，无论高兴或者伤心，她都会躺在地上打滚。就是因为这个坏习惯，她哪怕穿上刚刚换上的干净衣服或者新衣服，也会在一分钟之内就把衣服弄得脏兮兮的，甚至把衣服扯坏。正因如此，妈妈从来不给晨晨穿漂亮的好衣服，总是把从表哥表姐那里收拾来的旧衣服给晨晨穿，然后任由晨晨在地上滚来滚去。

原本，妈妈以为晨晨作为一个小姑娘注定要这么粗糙地长大，每当看到别的小姑娘穿着美丽的衣服，打扮得像个精致的洋娃娃，妈妈总是非常羡慕。有的时候，妈妈也会感到很遗憾，感慨道："好不容易生了个闺女，就想把闺女打扮成小公主，却没想到生了个假小子，比男孩还调皮呢，真是让人没办法！"

有一次，亲戚来家里串门，给晨晨带了一件漂亮的公主裙。这件公主裙非常的美丽，颜色雪白雪白的，没有一点点杂色，而且裙子边上都点缀着漂亮的蕾丝，在腰部还有美丽的蝴蝶结呢！看到这条裙子。晨晨马上两眼放光，她当即就要穿上这条裙子。妈妈却很心疼这条新裙子，说："你还是不要穿了。你穿上之后，两分钟就把裙子弄得又破又脏，真是糟蹋这么好的裙子了。你等到有适当场合的时候再穿吧，好不好？"然而，晨晨哭闹着一定要当即穿上裙子。

这个时候，亲戚劝说妈妈："孩子想穿就给她穿吧，反正也是送给孩子的礼物。而且，我相信晨晨穿上这件裙子之后，就会像真正的公主那样高贵优雅，一定不会再满地打滚儿了。"听到亲戚的话，晨晨当即郑重地点点头，向妈妈保证道："妈妈，我保证不坐在地上，也保证不打滚儿。"

妈妈看着晨晨，她可不相信晨晨的保证呀！但是，既然晨晨坚持要穿这条裙子，她只好无奈地给晨晨换上了。出乎妈妈的预料，晨晨穿上这条裙子之后就像变了一个人，她非常安静，举止文雅，就连说话也变得柔声细气的，而且特别懂事，遵守规矩，仿佛她从来都是个文静可爱的小女孩儿一样。看到晨晨有如此大的改变，妈妈心怀忐忑，她想：晨晨也许只能保持三分钟热度。但是，整个下午，晨晨穿着这件公主裙都表现得非常好，她还坐在书桌旁安安静静地看了一个多小时的书呢。看到晨晨这样的改变，妈妈惊奇不已，万万没想到晨晨因为一条裙子就变成了淑女。后来，妈妈经常给晨晨穿这条裙子，结果晨晨每次表现都特别好。在穿了好几次公主裙之后，裙子还是雪白雪白的，和

新的一样，没有沾染上任何污渍。妈妈恍然大悟：原来，晨晨之所以像假小子，是因为我总是从表哥表姐那里弄来脏脏的旧衣服给她穿啊。只要给她穿上漂亮的公主裙，她就会变成真的公主，这可太神奇了！从此之后，妈妈也会给晨晨买漂亮的公主服穿，渐渐地，晨晨各个方面的行为表现越来越好，即使没有妈妈的督促，晨晨的行为举止也更加端庄大方了。

一件公主裙就能起到如此神奇的效果，让一个原本作为假小子上蹿下跳的女孩，转瞬之间变成了优雅的公主。对于父母而言，要想让女孩变得更加端庄美丽，一味地批评和指责是不可取的，最好的方法就是赞美，并且采取实际行动送给女孩更多端庄优雅的淑女服，这样女孩就会意识到自己的行为与形象不符，也就会有意识地改变自己的坏习惯。

赞美的力量是非常强大的。大名鼎鼎的成功学大师卡耐基曾经说过："一只脚的鸭子在得到了赞美的掌声之后，马上就会变成两只脚的鸭子。"这充分说明了赞美的力量，表现出赞美的神奇魔力。

每个女孩都有公主梦，她们都希望自己能够变成真正端庄优雅的公主。对于那些很小的女孩而言，她们得到的最好礼物就是公主裙，所以每当女孩过生日或者是在重大节日时，妈妈可以送给女孩一件漂亮的公主裙。大多数女孩都喜欢粉色、白色等干净美丽的颜色，穿上这些颜色的公主裙，会让女孩显得既美丽又大方，也会让女孩整个人的气质发生改变。

仪表能够表现出一个人的身份、所具有的素质与涵养。所以在为女孩选购衣服的时候，妈妈们应该考虑到更多方面的因素，而不要只凭着自身的喜好就随意地购买。送礼物一定要投其所好，只有用礼物打动女孩的心，女孩感到快乐和满足，才会珍惜礼物。在送给女孩儿公主裙的同时，妈妈还能在不知不觉之间改变女孩的言行举止，这当然是一个极大的福利啦！

从现在开始，要想让女孩变成真正的公主，让女孩的行为举止都更加优雅端庄，妈妈就要尽可能地减少让女孩穿旧衣服，或者那些过于男性化的衣服，而是可以给女孩选购更多的淑女类的衣服，这样女孩的表现才能得以提升。

美丽洁净，拥抱生命

米奇奶奶已经80多岁了，但是她看起来非常干净整洁，也非常美丽高贵。虽然米奇奶奶在50多岁的时候就失去了丈夫，一直孤独地守寡，独自抚养孩子们成长，但是她从来没有表现出邋里邋遢的模样。

有一次，米奇奶奶因为身患重病而不得不卧床休息，朋友来看望米奇奶奶的时候，发现米奇奶奶虽然没有人照顾，但是每天看起来依然干干净净的。朋友在陪着米奇奶奶聊了一会儿之后，发现米奇奶奶和书桌上摆放的照片里的模样并没有太大的区别。原来，照片上的米奇奶奶才50多岁，看起来美丽端庄。朋友忍不住感慨地对米奇奶奶说："奶奶，您现在和30多年前几乎没有什么变化，还是那么美丽，那么年轻，那么雍容华贵。"

米奇奶奶开心地笑着说："怎么可能呢？当时我才50多岁，我的老伴儿还在世呢，现在我已经80多岁了，我的老伴儿都走了30多年了。所以啊，我已经老啦！"朋友忍不住安抚米奇奶奶："亲爱的米奇奶奶，您永远也不会老。如果我到您这个年纪还能和你一样优雅高贵，那我可就太满足了！"

米奇奶奶感慨地说："从嫁给爷爷的第一天开始，我每天起床的第一件事就是梳洗打扮自己，这不是因为我特别爱美，而是因为我妈妈告诉我，每个妻子首先把自己打扮得清爽利落，才能给丈夫和全家人都带来好心情。如果蓬头垢面地面对丈夫，那么也就经营不好家庭和婚姻。"

朋友恍然大悟，说道："难怪您的几个孩子都那么干净清爽，看起来让人感觉非常舒服，我也特别喜欢和他们相处呢，原来这都是受到您言传身教的影响呀！"说着，朋友还对米奇奶奶竖起了大拇指，给米奇奶奶点赞呢！

一个人唯有保持清爽干净的良好状态，才能让自己以最好的状态投入到生活中。犹太民族是世界上最聪明的民族，他们可以十分坚强地面对命运中的磨难，而且还有着良好的卫生习惯。因为他们认为上帝给了每个人身体，如果

对上帝给予的身体不能保持干净卫生,那么就是对上帝的不尊重。正是因为如此,犹太人才会在沐浴净身之后再向上帝祈祷。当然,也得益于这样良好的生活态度,他们在面对人生的时候也充满自信,即使承受苦难也绝不屈服。

在每个家庭中,要想让孩子讲究卫生爱干净,父母首先要讲究卫生。在家庭生活中,父母对孩子的教育主要体现在言传身教上,所以父母要以身作则,给孩子树立好榜样。如果父母本身邋里邋遢,每天都蓬头垢面,也从来不会把家里收拾得干净整齐,那孩子又怎么可能养成讲究卫生的好习惯呢?一个人既要拥有外在的美,也要拥有内在的美。要想做到内外皆美,就必须保持干净整洁,这才能表现出心灵的洁净。与此同时,也要保持对于卫生的严格要求,时刻督促自己做好个人卫生、环境卫生工作。

当我们坚持以干净美丽的状态面对生活,我们对于生命也就会呈现出更好的状态,就像事例中的米奇奶奶。她虽然守寡30多年,每天都在忍受孤独,但是却依然保持着自己美丽洁净的外表和纯真无瑕的心灵,这真是一件了不起的事情啊!尤其是在抚育孩子艰难生活的过程中,米奇奶奶独自面对生活的诸多不如意,也承受着巨大的压力,但是她却从来不畏缩更不退却,这是因为她对于生活怀有庄严慎重的态度,也说明她不愿意与厄运妥协。

父母养育女孩,要从小培养女孩爱干净的良好习惯。女孩只有做到洁净美丽,才能在面对生活中很多事情的时候更加淡定从容。如果女孩邋里邋遢,对生活总是仓促应对,那么她们又怎么能够让生活变得更顺遂如意呢?

生活就像一面镜子,我们怎么面对生活,生活就会怎么对待我们。如果我们对待生活敷衍了事,那么生活对待我们也必然敷衍了事;我们只有慎重地对待生活,生活才会给予我们更好的回报。

美丽让女孩成为人间的天使

自从《罗马假日》公映之后，赫本就成为了人世间公认的天使。在出演《罗马假日》之前，赫本就像山野间的一朵雏菊，那么娇羞，那么生涩。但是，在《罗马假日》公映之后，赫本被无数的聚光灯照耀着，变成了世界上最让人羡慕的玫瑰。

赫本饰演的安妮公主有着由内而外的美丽，她楚楚动人，体态轻盈，气质脱俗。尤其是那一头黑色的短发，更是让人们在习惯于欣赏完性感女郎的风格之后感到眼前一亮。赫本为何会如此美丽呢？这虽然与她天然的长相密切相关，也与她散发出来的内在美密切相关。一个人如果只有表面的美，那么就像是一个花瓶，一个人只有兼具外在的美与内在的美，才是真正的天使。

赫本的美让她成为了人间天使，也让她得到了无数女孩的羡慕和无数男孩的倾慕。赫本高贵脱俗，气质优雅，笑容纯真，总而言之，每个看过她的人都对她印象深刻，暗生情愫。

很多女孩都羡慕赫本天生丽质。的确，一个人的美貌是天生的，并不是后天得到的，我们虽然不能得到赫本天生的美貌，但是却可以通过后天的努力提升自己的素质，让自己在各个方面表现得更好，从而由内而外散发出独特的美。例如，赫本的美并不是单纯外貌的美，她举止表现非常优雅，还有着与众不同的气质；她非常善良正直，整个人给人脱清新脱俗的感觉，并没有沾染太多的世俗烟火气息。正是因为如此，她才能成为真正的人间天使。

对于美丽，很多人都有自己的解读。所有人一致认为，只有内在的美才能历久弥新，而外在的美只会昙花一现。我们如果幸运地拥有外在美，就要更加注重提升自己的内在美，这样才能由内而外地散发出美丽。

赫本不仅是一个美丽的影星，是一个在演艺行业获得至高成就的奥斯卡影后，她还是一个非常善良的人。在晚年生活中，她积极地投身于慈善事业，为

有出息的女孩干净整洁，以好形象面对世界 第一章

了慈善事业而四处奔走，为了帮助那些需要帮助的人，她常常凭着自己的号召力和影响力举行一些募捐活动。赫本的爱是博爱，她爱着整个世界，爱着世界上所有需要帮助的人，所以她并没有局限于自己的国家，而是在世界上很多生活艰难的国家里撒播爱的种子，让全世界所有需要帮助的人都感受到来自她的温暖。

对于自己的慈善行为，对于自己的成长，赫本曾经说过："一个人之所以有两只手，一只手要用来帮助自己，另一只手要用来帮助别人。"正是因为心怀博爱，赫本才能够始终得到人们至高无上的评价，也才能在成长的过程中突破外在美的局限，渐渐地丰富和充盈自己的内心，让自己拥有别人不可媲美的内在美。

作为普通女孩，我们虽然没有赫本的美丽，也没有她那样的机会在荧幕上绽放自己的表演才华，但是我们却可以做好自己。我们也许长相普通，但是我们却可以穿着干净整洁；我们也许资质平平，但是我们却可以通过学习提升自己各个方面的素质和能力；我们也许并没有太好的机会获得长足的发展，但是我们要始终保持进步的姿态，让自己坚持成长。

具体来说，女孩要想提升自己的内在美与外在美，就应该做到以下几点。

首先，女孩要保持良好的形象，因为只有拥有良好的形象，才能给自己好心情，才能给他人留下良好的第一印象。

其次，女孩要注重提升自己的内在。所谓提升自己的内在，既包括要读更多的书，做更多有意义的事情，也包括要更好地面对自己的成长。如果女孩空有美丽的外表，却没有充实的内心，那么她就是一只花瓶，很快就会随着时间的流逝失去青春靓丽的容颜而变得苍老。真正明智的女孩会始终以读书学习的方式丰盈自己的内心，从而变得越来越充实。

再次，女孩要心怀善良，积极地去做一些有意义的事情。古人云：莫以恶小而为之，莫以善小而不为。当女孩积极主动地坚持做好很多小小的善举，她们的内心就会得到沉淀，长此以往，她们的整个人都会发生显著的变化。

· 013 ·

最后，女孩要乐于付出。只有心怀大爱和博爱的女孩，才能坚持付出，也以付出为乐。给予，永远比索取更能获得快乐。西方国家有句谚语，叫作"赠人玫瑰，手有余香"，正说明了付出的快乐。

总而言之，内在美并不是在短时间内就能形成的，而是一点一滴汇聚起来的力量，也是我们对于生活或者生命渐渐形成的态度。真正爱美的女孩内心充满了友好，也会收获真正的幸福与快乐。

世界上并不缺少美，缺少的只是感受美的心灵

小康大学毕业后进入一家公司工作，因为工作很不如意，所以她的心情非常低落。有一天，小康去外面游玩的时候，在景区门口看到了一个残疾人正在乞讨。残疾人坐在一块木板上，下身用被子盖着，看起来面容憔悴。她走过去蹲在残疾人面前，掏出了十元钱放在残疾人的乞讨箱里，残疾人当即对她拱手作揖。

这个时候，小康感慨地说："生活不易啊！我们作为健康的人想要好好生存尚且很难，更何况你还是个残疾人呢，你一定要加油！"小康话音刚落，残疾人露出了灿烂的笑容。他说："虽然生活不易，但幸运的是我还活着。"听到残疾人这么说，小康突然间对残疾人产生了兴趣。她盯着残疾人看，仿佛想要看透什么。这个时候，残疾人把原本盖在下半身的被子掀开，小康这才发现原来残疾人还是高位截肢，他是没有腿的。看到残疾人的身体情况，小康满脸同情。

残疾人向小康讲述道："我本来是一个很健康的人，因为在工地上干活太过疲劳，开车的时候疲劳驾驶，和对面驶来的大车撞在了一起。就这样，我的人生彻底改变了。老婆离我而去，父母虽然心疼我却年事已高，根本没有能力

有出息的女孩干净整洁，以好形象面对世界 第一章

养我。一开始我也很沮丧，想结束自己的生命，但是后来我突然想到自己明明还活着，这是多么幸运的事情啊！如果我突然就这样离开了世界，那么我就再也看不到每天的日出，再也看不到娇嫩的花朵，再也看不到清晨的阳光了。"

听到残疾人的话，小康心中的阴霾一扫而空。她对残疾人说："谢谢你。你的话让我对人生有了新的看法。本来我觉得自己也很不如意，工作不顺利，也没有什么积蓄，就这样在大城市漂泊着，不知道什么时候是个头。但是，我现在知道了我多么幸运，至少我四肢健全，可以工作养活自己。"残疾人说："小妹妹，你只要想想你能跑能跳，就会觉得自己非常幸运了。这个世界上有多少人身患严重的残疾，不能独立生活呀！你最起码还可以挣钱养活自己，这就是你最大的幸运，你要好好珍惜！"小康重重地点点头。

现实生活中，很多人都看不到人生的美丽，更看不到未来的希望。他们对于人生总是充满了抱怨，觉得自己并没有得到想要的一切，也认为命运从来没有善待和馈赠自己。例如，很多女孩虽然健健康康却不知足，她们不是抱怨自己皮肤不够白，就是抱怨自己的身高太矮，或者抱怨五官长得不够端庄秀气。其实，美丽的外表固然重要，但这是天生的，如果我们长得并不能够让自己非常满意，那么我们就应该致力于提升自己的内在美，健康、充满活力是一种美，宽容友善也是一种美。

每个女孩都应该拥有一双发现美的眼睛，不要总是盯着自己身上的缺点，而是要努力地发掘自己的美丽，看到自己的幸运，这样才能做到知足常乐。

曾经有一位名人说过，这个世界上并不缺少美，缺少的只是发现美的眼睛。我们也要说，这个世界上并不缺美，缺少的只是能够感受美的心灵。生活中充满了各种各样的美，有自然之美，有残缺之美，例如，断臂维纳斯之美就是残缺之美。所以我们应该拥有一颗宽容的心，不仅要对别人宽容友善，而且对自己要更加宽容，努力发掘自己身上的优点，对于自己的人生也要充满希望，因为只有希望，才会让我们有改变的动力。

反之，如果我们对于生活总是抱怨，总是感到不知足，那么我们的内心

就会充满阴霾。在现实生活中，很多人每天都活在痛苦之中，他们总是羡慕别人，认为自己拥有的没有别人多，运气没有别人好，实际上，他们真正缺失的并不在于外部的各种条件，而在于他们的内心。他们不能读懂快乐的真谛，不知道快乐就在自己的身边，或者即使拥有了快乐也不知道感恩和满足，因而快乐就弃他们而去。所以我们每个人都应该拥有充实的心灵，尤其是作为女孩，不要盲目追求外表的美丽，更要追求内心的充实。人生是非常短暂的，对于生命中的每一天，我们都要用心地快乐度过。当我们坚持以乐观的心态面对一切，渐渐积累人生中的点点滴滴，我们就能从容不迫地面对命运的各种馈赠，也能以内心的充实与厚重战胜人生的各种困厄。

第二章

有出息的女孩温柔可爱，是人世间的小精灵

有出息的女孩并不因为自己有出息，就不把一切看在眼里。她们既可爱又温柔，是人世间最美丽的小天使，也是最可爱的小精灵。对于女孩而言，美丽固然重要，但是温柔可爱是更重要的，这是因为美丽只是外表的呈现，而温柔可爱能让女孩在面对人生的时候拥有更加平和的态度，拥有更加乐观积极的观念，这样女孩才能够成为人生的驾驭者，也才能真正地主宰和掌控人生。

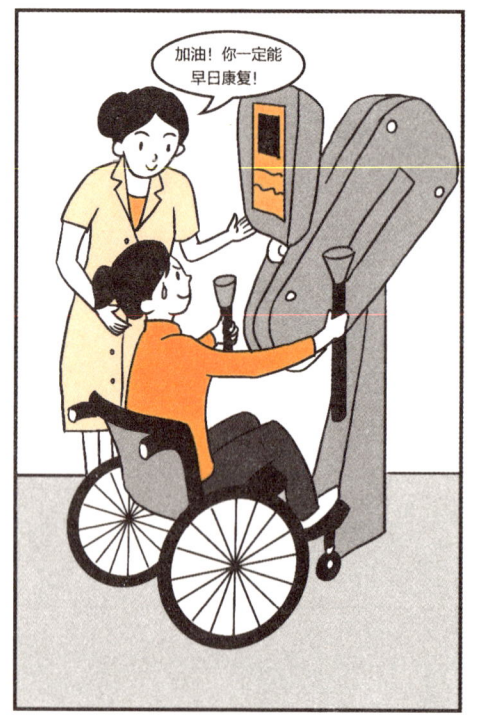

微笑，是绽放来自心底的花朵

作为中国女子体操队的优秀选手，桑兰曾经在跳马项目上赢得了多项荣誉，还多次参加了国际比赛，以优秀的成绩为祖国争得了荣誉。原本，大家都以为这个17岁的少女会顺利地发展自己的体育事业，最终成为跳马项目上的优秀标杆，却没想到意外就这样突然袭来。

有一次，桑兰去美国纽约参加第四届世界友好运动会。在参加正式比赛之前，她先进行了热身练习。在练习的过程中，因为意外，她头部朝下重重地摔在地上，这使她的身体严重受伤，胸部以下高位截瘫。原本，正处于人生花季的桑兰正在如一朵娇艳的花朵一样绚丽绽放，但是这次意外却使她不得不在轮椅上度过后半生。作为一个青春美丽的女孩，桑兰并没有怨天尤人，她表现得特别坚强。很多队友们得知这个噩耗都来医院探望桑兰，当看到桑兰只能纹丝不动地躺在床上时，他们全都伤心地哭了起来。然而，桑兰急迫地询问队友们比赛的情况如何，因为她一心牵挂着比赛的结果。对于自己的病情，她并没有因此而伤心落泪，反而微笑着鼓励队友们一定要好好参加比赛，为国争光。看到桑兰如此坚强乐观，队友们全都感动不已。

在经历了一段时间治疗之后，桑兰开始接受康复治疗，需要很大力度的按摩。每次按摩的时候，桑兰的身体都感到特别疼痛，但是她并没有因此而落泪。每次出现在公众面前的时候，桑兰也总是面带微笑，她鼓励自己和身边的人积极乐观地面对一切。随着时间的流逝，桑兰终于可以做到简单的自理了。她可以独立穿衣服、独立吃饭，对于普通人而言，这些都是每天的日常活动，是非常容易就能完成的，但是桑兰却要付出加倍的努力才能够做到这些。

经过了漫长的治疗，桑兰终于能够出院了。坐在轮椅上的她在面对每个人的时候都始终面带微笑。如今，桑兰虽然依然坐在轮椅上，但是她已经有了自己幸福的家庭，还孕育了自己的孩子，这让桑兰的生命更加完整，也更加有意义。

对于一个花季少女来说，本应该像精灵一样在运动场上活跃着，却突然之间高位截瘫，不得不在轮椅上度过下半生，这是一个沉重到无法承受的打击。但是桑兰却深深地知道，既然这一切已经发生，那么她就只能勇敢地面对。自从灾难发生之后，桑兰始终面带微笑地面对那些关心她的人，面对社会上的公众。她的笑容就像是冰天雪地里绽放的一朵生命之花，给人带来了春天般的暖意，也让人感受到了源自心底的希望。

生活固然充满了不如意，但是我们却应该怀着积极乐观的心态去面对。只要我们能够细心地感受生活给我们的馈赠，只要我们能够从容地接受生活对我们的一切赐予，我们就能够在生活中感受到快乐，我们就能够在生活中感受到希望。尤其是对于女孩而言，切勿对生活怀有不切实际的幻想，或者总是抱怨生活不如意，而是要感受到他人的关爱，也要感恩他人对我们付出的一切，这样我们的内心才会更加充实，更加美好。

很多女孩从小就得到了父母所有的爱，也在父母创造的良好环境中健康地成长。她们衣食无忧，想要什么就有什么，总是非常满足，这使得她们渐渐地忽略了父母的爱。女孩应该拥有感恩之心，要感受到自己得到的生命馈赠，要感受到身边人对自己的努力付出，这样女孩才能更加感恩和知足。

从现在开始，女孩应该拥有一双发现的眼睛，看到生活中的小确幸，感受生活中的小感动。当女孩怀着爱的情感，以微笑传递自己内心的希望，以微笑作为自己最美丽的妆容，那么女孩也就成为了那朵世间最独特的花。

有出息的女孩温柔可爱，是人世间的小精灵 第二章

爱，是女孩独特的妆容

周末，爸爸给三个女儿讲故事。他在讲完故事之后问道："如果你们有机会实现一个愿望，那么你们最想得到的是什么？"大女儿当即毫不迟疑地说："我想要美丽，对于一个女孩来说，美丽才是最重要的。如果我美若天仙，每一个看到我的人都会爱上我的，他们也就会满足我所有的要求。所以只要拥有了美丽，我就是世界上最富有的人。"

二女儿对此表示质疑，她说："虽然美丽很重要，也能够凭着美丽得到他人的喜欢，但是我认为美丽只是暂时的。一个女孩最美丽的时光也不过几十年，一旦在时光的流逝中美貌渐渐消逝，那么一切就会成为泡影。所以我认为金钱才是实实在在的，我想要拥有大量的金钱，只要我拥有金钱，就能做到很多的事情，我甚至能够让自己的美丽保持更长久的时间。金钱才是这个世界上最重要的东西，没有钱寸步难行，有了钱就可以横行天下。"

听到这两个女儿的回答，爸爸情不自禁地摇了摇头。这个时候，爸爸满怀希望地看向了小女儿。小女儿想了想，对爸爸说："我认为聪明才智才是最重要的。聪明才智是我们永远的财富，不管是时光流逝还是他人来抢夺，聪明才智都会始终留在我们的身边。随着岁月的沉淀，我们拥有的聪明才智还会越来越多。"听到小女儿的回答，爸爸欣慰地笑了，但是他显然对小女儿的回答依然不满意。

这个时候，爸爸在纸上画了几个圈，在这个圈里分别写上了美貌、财富和聪慧。爸爸指着这几个圈对女儿们说："看吧，这些都是你们所说的那些重要的东西。然而，它们都是零。如果没有前面那个至关重要的数字1，这些零就是毫无意义的。那么，你们认为前面那个最重要的数字应该是什么呢？"说着，爸爸在这些零前面画了一个空心体的1，并且准备在1里面写字。女儿们看到爸爸即将揭晓谜底，全都迫不及待，因为她们很想知道这个至关重要的1到底代表着什么。

这个时候，爸爸在1里面写下了一个字：爱。原来，爸爸所说的至关重要的1就是爱啊！爸爸语重心长地对女儿们说："一个人应该拥有美丽，拥有财富，也应该充满聪明才智，但是如果这个人的心中没有爱，他所拥有的一切就都不能产生价值。只有在拥有爱心的前提下，那些重要的东西才会让人生变得更有意义。例如，那些拥有财富的人会热衷于慈善事业，那些拥有聪明才智的人会为人类做出贡献。所以说，爱才是最重要的。"听到爸爸的话，三个女儿不约而同地点点头。

曾经，人们说健康是最重要的，这是因为只有拥有健康的身体，我们才能做其他事情。但是，这个故事告诉我们，爱心比健康更重要。因为一个人即使身强体壮，却缺乏爱心，总是自私自利，甚至还会伤害他人，那么他的存在就是毫无意义的。一个人只有拥有爱心，才能成为对社会和他人有所贡献的人，也才能让自己的生命拥有更充实的意义。所以说，拥有爱心的人才是这个世界上最富有的人。

大文豪托尔斯泰曾经说过，一个人如果没有善良之心，那么他的存在就毫无意义。生存的意义对于人类而言至关重要，爱心是最美好的情操，是每个人必须具备的优秀品质。每个人都应该怀有爱心，既要爱自己，也要爱父母，更要爱身边的每一个人。那么，如何才能培养女孩的爱心呢？具体来说，应该做到以下几点。

首先，要爱自己。很多女孩虽然爱自己，却容易进入一个误区。她们过于爱自己，完全忽略了别人的感受，变得很自私。女孩在爱自己的同时也应该爱他人，这样才能让自己拥有博爱之心，既爱身边的人，也爱整个世界。

其次，要从点点滴滴做起，坚持做好那些表达爱的小事。每个人要想拥有爱心，就要在成长的道路上做好更多的事情，唯有如此，才能够让自己的爱越来越博大，越来越宽容。有的人在生活中总是明哲保身，不管其他人发生了什么事情，都采取漠不关心的态度，而对于自己的事情却全力投入。长此以往，

他们的人生道路会越走越窄，当他们需要帮助的时候，别人也会袖手旁观，因而陷入了恶性循环之中，人与人之间从守望相助到漠不关心。

再次，要力所能及地帮助他人。帮助他人，不仅要帮助身边的人，也要帮助那些素未谋面的陌生人。例如，在有些地方发生灾难的时候，我们可以给这些地方捐钱捐物，虽然我们一个人的力量是很微薄的，但是当所有人都付出自己的微薄之力时，点点滴滴的力量就会汇聚起来，变成伟大的力量。

最后，要培养自己的同情心。一个有爱心的人一定怀有同情心，他们能够对他人的经历感同身受，也能够对他人的感受加以理解，这使他们愿意伸出援手。反之，如果一个人没有同情心，那么他们对于他人的一切痛苦遭遇都会采取不以为然的态度，这也使他们在成长的过程中变得越来越自私自利。

总而言之，有出息的女孩应该做到更有同情心，更加包容他人，也应该心怀大爱。只有以爱为必备的前提和坚实的基础，女孩才会变得越来越美丽，越来越善良。

提升修养，增强魅力

在班级里，娜娜家的经济条件是最好的。她的父母都是做生意的商人，生活富裕，这使娜娜总是穿着名牌，用着最好的文具和书包。对于其他同学，娜娜常常不放在眼里。当然，娜娜也有自己的苦恼，那就是同学们都不愿意跟她玩，她每天形只影单独来独往，常常觉得孤独寂寞。

看到娜娜不开心的样子，妈妈经过询问了解了娜娜的心思，因而问娜娜："娜娜，你既然觉得孤独，为什么不跟同学们一起玩呢？"娜娜对妈妈抱怨道："不是我不跟他们一起玩，是他们不愿意跟我一起玩。他们一个个穿得脏兮兮的，整天上蹿下跳，就像个泥猴儿似的，他们不跟我玩正好，我才懒得跟他们玩儿呢。"

听到娜娜的话，妈妈意识到问题所在，她对娜娜说："娜娜，其实在你小时候，咱们家也特别穷。不过，你有很多好朋友。"娜娜急切地问妈妈："真的吗？我有多少个好朋友呢？"妈妈认真想了想说："大概有20个好朋友吧！"听说自己曾经有这么多好朋友，娜娜高兴得跳了起来。

这个时候，妈妈趁机开导娜娜："你想想，当时我们家那么贫穷，缺吃少喝，你为何有那么多朋友呢？现在我们家经济条件好了，你可以慷慨大方地与朋友们相处，为何你的朋友却越来越少了呢？"娜娜想了想，摇了摇头，因为她也不知道这是为什么。

妈妈语重心长地对娜娜说："这是因为你变了。"对于妈妈的话，娜娜丝毫不理解。妈妈耐心地对娜娜说："你小时候从来不会瞧不起任何人，现在你却常常对同学不屑一顾，正是因为如此，同学们才不愿意跟你玩。如果你能够摆正自己的位置，提升自己的修养，你就会拥有好人缘。"

娜娜更疑惑了："我的位置在哪里？我又该怎么提升自己的修养呢？"妈妈娓娓道来："其实，这很简单。首先，你要想得到别人的尊重，就要尊重别人。其次，你要想得到别人的平等对待，就要平等地对待别人。最后，你要是想让别人对你慷慨大方，你自己就要慷慨大方地对待别人。当然，这么做的前提是你心怀善良，否则你总是对他人不屑一顾，故意贬低他人，他人又怎么愿意亲近你呢？"

在妈妈的启发下，娜娜陷入了沉思。她说："妈妈，我不应该瞧不起同学，我也不应该因为自己穿得好就嘲笑他们穿得很脏，所以我以后要改变自己。"经过妈妈这次提醒，娜娜再也不会随意贬低同学了，她还常常与同学分享她的美食、书籍或者是玩具呢！当然，在与同学分享的时候，她是非常真诚的。尤其是在班级里有集体活动的时候，她更不会表现出娇滴滴的模样，而是当即投入其中。就这样，同学们越来越喜欢娜娜，娜娜也拥有了很多朋友。

孤芳自赏是一种非常糟糕的状态，尤其是对于成长过程中的女孩而言，这有出息的女孩温柔可爱，是人世间的小精灵  第二章

会使她们陷入孤独和寂寞之中。不管父母怎样陪伴孩子，都不能取代同龄人在孩子成长过程中所起到的重要作用，所以父母一定要引导孩子结交更多同龄的朋友。当然，父母首先要要求孩子自己做出改变，就像事例中的娜娜，如果她始终对同学不屑一顾，也常常贬低同学，那么同学是不愿意跟她相处的。幸好妈妈意识到问题所在，及时提醒娜娜，也告诉娜娜应该如何做，娜娜才能有意识地改变自己，更好地与同学们相处。

在与同学相处的过程中，我们还应该有意识地提升自身修养。例如，应该给予同学更多的关心和帮助。看到同学遇到困难，我们应该慷慨地伸出援手。尤其是在与同学之间发生矛盾和争执的时候，切勿得理不饶人，或者是揪着同学的错误不放。我们越是占据道理，越是应该宽容地对待同学。我们越是想要得到同学的尊重，就越是应该对自己提高要求，让自己做得更好，也要真正做到尊重同学。

修养和魅力都是一种无形的东西，并不是显而易见的。要想提升自己的修养和魅力，我们就要坚持做好很多事情，而不要总是试图一蹴而就地增强自身的魅力，毕竟修养身心是一个需要长期坚持的过程。

在提升自身修养的时候，除了要从为人处事等方面来改善自己的言行之外，女孩还要做到坚持学习，尤其是要多多读书。虽然每个女孩的亲身经历是有限的，但是如果能够做到多读书，在书本中感受到他人的情绪，也在书本中学习更多的待人处事之道，那么女孩成长的速度就会更快。

外表不是唯一重要

艾米是一个非常自卑的女孩，这是因为她有些胖。虽然她的身高才158厘米，但是她的体重却达到了70公斤。在以瘦为美的时代，艾米深知自己不但跨

入了微胖界，而且跨入了肥胖界，所以每当学校里或者班级里有公开活动的时候，她常常会躲在角落里，生怕有人注意到她的存在。然而，艾米的内心深处很希望自己能蜕变成美丽的白天鹅，赢得所有人的关注。

最近，学校里要举办一场舞会，这可是学校里第一次举办舞会呀，所有的女孩都兴奋不已，她们想要成为舞会上最璀璨的存在。艾米当然也有这样的想法，但是艾米认为自己无论如何也不会得到男生的青睐，相反那些男生肯定会因为她长得又矮又胖，而故意疏远她。这么想着，艾米决定从改变外表着手，她为自己购买了非常漂亮的衣服，还有时髦的假发，更为自己定制了一副夸张的耳环。当艾米装备齐全的时候，她看起来就显得与众不同了。她暗暗想道：这样的我一定能够吸引男生的注意吧！

在进行了这样一番夸张的打扮之后，艾米终于鼓起勇气参加了舞会，但是在舞会现场，当看到其他女孩们穿着美丽的礼服，勾勒出苗条匀称的身材时，她突然之间失去了所有的勇气，因而赶紧躲到一个昏暗的角落里，坐在沙发上闷闷不乐地喝着饮料。直到舞会结束，也没有人来请艾米跳舞。艾米暗暗想道：不管我怎么努力，都不会吸引别人的注意，看来我只能做一个丑小鸭躲在角落里了。

回到家里，父母们都很关心艾米在舞会上玩得是否开心，艾米假装高兴地对父母说："我玩得非常开心，好几个男生都请我跳舞，我的脚都跳得酸痛了。"看到艾米这么开心，曾经为艾米的自卑感到担忧的父母终于放心了。

然而，在把父母敷衍过去之后，艾米回到自己的房间里，忍不住默默地掉泪。她不知道自己怎样才能拥有苗条的身材，也不知道自己怎样才能吸引男生的关注。次日清晨，艾米带着红肿的眼睛去了学校。这时，一个男生走过来，关切地问艾米："艾米，昨天你是不是不舒服呀？我们好几个男生都想请你跳舞，但是看到你一直坐在角落里的沙发上，还以为你不舒服呢。你还好吗？"听到男生关切的话，艾米懊悔极了。原来，正是因为她一直躲在角落里，才给了大家错误的讯息，使大家都误以为她不想跳舞呢！如果她和其他女孩一样

站在聚光灯下，说不定真的会有几个男生邀请她跳舞呢！艾米暗暗地想："其实，我什么都不用做，只要充满自信地站在聚光灯下，就能吸引大家的关注了。"从此之后，艾米渐渐恢复了自信，因为她知道大家关注的并不是她的外表，也没有人在乎她的身高和体重。对于艾米和小伙伴们而言，只要在一起玩得开心快乐，就是最好的了。

每个女孩都希望自己拥有绝世的美貌，也希望自己拥有苗条性感的身材，但是不管是外貌还是身材都是天生的，所以女孩们即使对于自己的外貌和身材不满意，也很难马上做出改变。遗憾的是，现实生活中，很多女孩会因为自己的高矮胖瘦、皮肤是否白皙而陷入深深的烦恼之中，她们特别在乎自己，恨不得能够改变这一切使自己变得完美。然而，这样的烦恼是徒劳的，根本没有办法消除，除非她们愿意改变自己的观念，才能让这些烦恼离自己远远的，不再来叨扰自己。要知道，对于每一个人而言，智慧和能力都是最重要的，纯真的本性也同样重要。如果因为那些不能改变的外部条件就郁郁寡欢，那么女孩就会失去快乐，也就不能在与朋友们相处的时候展现出纯真快乐了。

很多女孩都有一种错误的想法，认为自己的外表非常重要，担心自己因为身材不好而被忽视和冷落，担心自己因为长得不漂亮而被别人嫌弃。这样的女孩总是活在他人的想法和看法中，不能做真实的自己，也就不可能得到真正的快乐。俗话说，"金无足赤，人无完人"，每个人都有自己的优势和长处，也有自己的缺点和不足。我们既要发挥自己的优势和长处，让自己变得更璀璨夺目，也要接受自己的缺点和不足，坦然地接纳最真实的自己，才能获得真正的快乐。

虽然外表也是很重要的，但是我们却不能根据外表来判断一个人。俗话说，路遥知马力，日久见人心。我们只有与一个人长久地相处，才能了解对方的品质与德行，也才能了解对方的脾气秉性。虽然女孩天生爱美，但不要因为过于追求美而否定了自己，要相信自己是值得他人交往的好朋友，也要相信自己一定能够收获友情与爱情。

身材与外貌不但是天生的，而且会随着时间的流逝而改变，那些明智的女孩知道，真正的美是由内而外散发出来的修养和素质，所以女孩应该更注重与培养自身的内在美，让自己拥有充分的智慧和高尚的品德，这样才能在成长的道路上感受到更多的快乐。

诚实是女孩最可贵的品质

美国第四届全国拼字大赛在华盛顿如期举行，在这场比赛中，有来自全美各地的优秀选手。他们都想战胜竞争对手，赢得冠军。其中，罗丽莎·艾利特来自南卡罗来纳州。她虽然才11岁，但是她的表现非常突出，实力很强。她一路过五关斩六将，战胜了很多对手，成功进入了决赛。

决赛的角逐更加激烈。艾利特参加决赛的时候，被问及"招认"这个单词如何拼写。因为艾利特有很浓重的南方口音，所以她在回答这个单词的时候有了一些小小的失误。"招认"的第一个字母应该是"a"，但是艾利特的读音听起来很像是"e"，虽然仅仅是听起来很像"e"而已，但是评委们拿不准艾利特读的到底是"a"还是"e"。如果艾利特读的是"a"，那么她的成绩就会非常好，很有可能获得冠军；如果艾利特读的是"e"，那么她的成绩就会受到影响，就会与冠军失之交臂。

评委们商议之后也没有最终认定艾利特读的到底是"a"还是"e"，最终，评委们决定问一问艾利特，看看艾利特到底读的是什么。很多评委都认为这并不是一个很好的解决方案，因为艾利特既然已经知道了正确答案"a"，所以她很有可能回答她的读音是"a"。就在评委们感到忐忑的时候，出乎所有人的预料，艾利特大声回答："我的发音是错误的，因为我读的是字母'e'。"听到艾利特的回答，评委感到震惊不已，因为他们以为艾利特会回答对自己有利的答案，从而顺利地赢得本次比赛的冠军，但是他们万万没有想到艾利特在明知自己一旦回答错误，就会与冠军失之交臂的情况下，依然诚实地回答了自己读错了发音，把"a"读成了"e"。

有个评委当即询问艾利特："你为何要说你读的是"e"呢？你完全可以说你读的是"a"呀，这样你就能获得冠军了。"艾利特毫不迟疑地回答道："我认为，诚实比获得冠军更重要。"听到艾利特的回答，在场的评委们全都给予了她热烈的掌声。

在这个事例中，艾利特虽然一心一意想要得到冠军，并且为此做了充分的准备，但是在比赛的时候却出现了失误。而且她很诚实地承认了自己的失误，她认为诚实比夺得冠军更重要。不得不说，艾利特诚实的品质是最为可贵的。

很多人面对利益的诱惑，往往会不再坚持诚实的品质。其实，诚实的品质是至关重要的，对于任何人而言，只有诚实才能更好地立足于世，才能成为一个真正的人，也只有诚实才能赢得他人的信任和尊重，在他人面前建立威信。尤其是在现在的诚信社会，一个人如果不愿意保持诚信的品质，终将一事无成。所以面对很多利益权衡，我们首先要成为一个诚实的人，再去争取得到更多的奖赏或者是表扬，这样我们才能赢得他人的尊重和信任。

我们要像爱护自己的眼睛一样珍惜我们的诚信品质，否则，一旦失去了他人的信任，我们再想赢得，就会非常困难。虽然很多时候欺骗能够帮助我们在短时间内获得更多的利益，但是最终这一切都是水中月和镜中花，因为没有诚信，这些都会失去维持的根基。

对于女孩而言，固然想要赢得更多的荣誉，想要赢得更多的成就，但是只靠着美丽的脸蛋和得体的服装是根本不可能获得这些的。只有拥有优秀的品质，只有努力提升自己的修养，只有宽容善良，慷慨大方地帮助他人，同时拥有诚信的品质，才能够由内而外地散发出优雅得体的气质，才能让自己充满魅力，值得信任和托付。

虽然，有的时候说出真话会让我们承受一定的后果，但是这样的后果是我们应该承受的，也是我们应该面对的。如果我们害怕承担后果，那么我们就应该选择不去做某件事情。说谎是非常糟糕的行为，有的时候说一个谎言，就要通过说无数个谎言去圆这个谎言，所以不管是为了面子还是为了保护自己的利益，我们都不要说谎，做人就是应该诚实地面对他人，面对自己。

懂得幽默的女孩处处受人欢迎

琪琪是一个人见人爱的女孩，不管走到哪里都受人欢迎，并不仅仅是因为她长得非常美丽，而是因为她情商很高，懂得幽默。

在公司里，琪琪作为上司的助理，与上司相处得很愉快。琪琪的上司是一个美国的职业女性，她非常看重幽默的品质，而琪琪恰恰能够做到投其所好，经常会逗得上司哈哈大笑。这使得上司对琪琪更加喜欢，有的时候上司还会主动提出给琪琪加薪呢，这让琪琪感到开心极了。

一天中午，上司因为工作忙碌，所以让琪琪为她订了西餐在办公室里吃。她在吃西餐的时候不小心把汤打洒了，汤全都渗透到办公室的地毯上了。上司对此感到非常懊恼，她马上让琪琪清理地毯。在此过程中，她一直不停地抱怨自己："这下可糟糕了，一定会吸引来很多蟑螂，甚至会把蟑螂的大部队都引过来。我的办公室里以后再也别想消停了，我肯定一打开抽屉就会看到不止一只蟑螂。"

看到上司对蟑螂如此恐惧，心情也非常不好，琪琪笑着对上司说："放心吧，中国的蟑螂只喜欢吃中餐，它们对西餐是不感兴趣的。"听到琪琪的话，上司忍不住哈哈大笑起来。就这样，上司的心情变得好极了。

琪琪不仅在和上司相处的时候非常幽默，在和朋友相处的时候也是如此，尤其是办公室里的同事都把琪琪当成是开心果，很愿意和琪琪相处。这一天是

情人节，琪琪早早地就在为男朋友准备巧克力，她也想到男朋友一定会为她准备鲜花。突然，她想到办公室里也有几个男孩正在谈恋爱，所以她当即好心好意地提醒道："大家都注意哦，今天是情人节，可不要因为疏忽大意，就把它过成光棍节了呀！要是因为情人节变成了光棍儿，那可太亏了！"听到琪琪好心提醒，大家都忍不住哈哈大笑，有几个同事还当即感谢琪琪呢，因为他们全都忙于工作，真的把情人节给忘记了，压根没想起来要给女朋友准备礼物。在琪琪的友情提醒之下，他们都把女朋友哄得开开心心，过了一个浪漫的情人节。第二天上班，几个男同事还合伙请琪琪吃饭呢，他们都真心感谢琪琪充满幽默感的善意提醒。

幽默的女孩就像开心果，能够给自己和身边的人带来欢声笑语。如果女孩总是郁郁寡欢，就会导致一切事情都变得非常糟糕。在这个事例中，琪琪之所以能够得到他人的喜爱，就是因为她很懂得幽默之道。幽默是智慧的最高表现形式之一，要想真正具备幽默的能力，女孩们就要努力地拓宽自己的知识面，增强自己的素质，提升自己的知识水平，尤其是要学会灵活地思考，这样才能把很多不愉快都变成愉快。

幽默不但是一种能力，更是一种品质。在西方国家，很多人都非常看重幽默，甚至年轻人在寻找人生伴侣的时候，还会把幽默作为一项重要的指标提出来。一个人如果不幽默，那么不管是在职场上还是在家庭生活中都不能受人欢迎。

女孩应该怎样做，才能具备幽默的品质呢？具体来说，女孩儿要做到以下几点。

第一，女孩一定要充满自信。有的时候，我们要以自嘲的方式来表现出高水平的幽默，所以我们要更加自信。如果我们很自卑，就不能以自己不够完美的外表开玩笑。只有内心深处真正接受自己的外在，也相信自己是独具魅力的，才能够轻松地以自己外表上的不足来嘲笑自己，为自己和他人解围，也给身边的人带来快乐。

第二，幽默的女孩要积极乐观。很多人误以为幽默就是耍嘴皮子，如果耍嘴皮子只是在贬损他人，那么就不是真正的幽默。很多人也误以为幽默要能言善辩、滔滔不绝，其实幽默不仅体现在口才上，还要以乐观豁达的人生态度为基础。很多幽默的女孩都是非常乐观的，哪怕置身于艰难的困境之中，她们也绝不沮丧绝望。她们总是非常开朗，淡定从容，在面对糟糕的情况时，也能换一个角度看待问题。

第三，幽默的女孩拥有真性情。很多女孩生怕别人看透了自己的内心，所以故意伪装自己。其实，人生是不能靠着虚伪度过的，与其以这样虚伪的方式不停地伪装自己，女孩还不如以更好的方式坦白自己的内心呢，真性情的女孩往往更受欢迎。

第四，幽默的女孩充满智慧。真正幽默的女孩具有丰富的文化底蕴，她们眼界开阔，学识渊博，而且能够做到随机应变。只有那些具有才气和灵气的女孩，才能达到幽默的至高境界。

第五，幽默的女孩热爱生活。一个女孩如果不热爱生活，对生活充满了不满，总是抱怨，那么她们又怎么能够做到调侃自己，调侃他人，并且在此过程中表现出自己积极的人生态度呢？

第六，幽默的女孩儿温柔可爱，非常随和。可爱是女孩最宝贵的品质，一个可爱的女孩也许不美丽，但是却会给人非常好的感觉。一个可爱的女孩儿对生活特别敏感，能够感受到生活对她的馈赠，从而对生活怀有感恩之心，这样的女孩才会感到知足常乐。

总而言之，幽默是生命最重要的养料，能够让女孩的生命得到滋养；幽默也是女孩最好的心理状态，让女孩在面对人生的各种困境时，怀有从容豁达的心态，在面对人生的各种坎坷挫折时，总是能够积极地战胜困难。幽默的女孩拥有强大的内心，她们无比坚强，淡定从容，绝不会因为那些无关紧要的小事情就破坏了自己的心情，她们还很善于保持内心的平衡，所以才能从容淡然地面对人生的一切际遇。

第三章

有出息的女孩坚持学习，自立自强才能自尊自重

有出息的女孩要坚持学习，只有学习才能让女孩获得成长和进步，也只有学习，才能让女孩更加自立自强。很多女孩受到传统思想的影响，认为女子无才便是德，或者认为女孩只需要学习一些基础的知识就好。现代社会男女平等，女孩同样能够支撑起半边天，甚至是整片天，所以女孩一定要自尊自重，要认识到自身存在的意义和价值，也要坚持终身学习，让自己不断进步和成长。

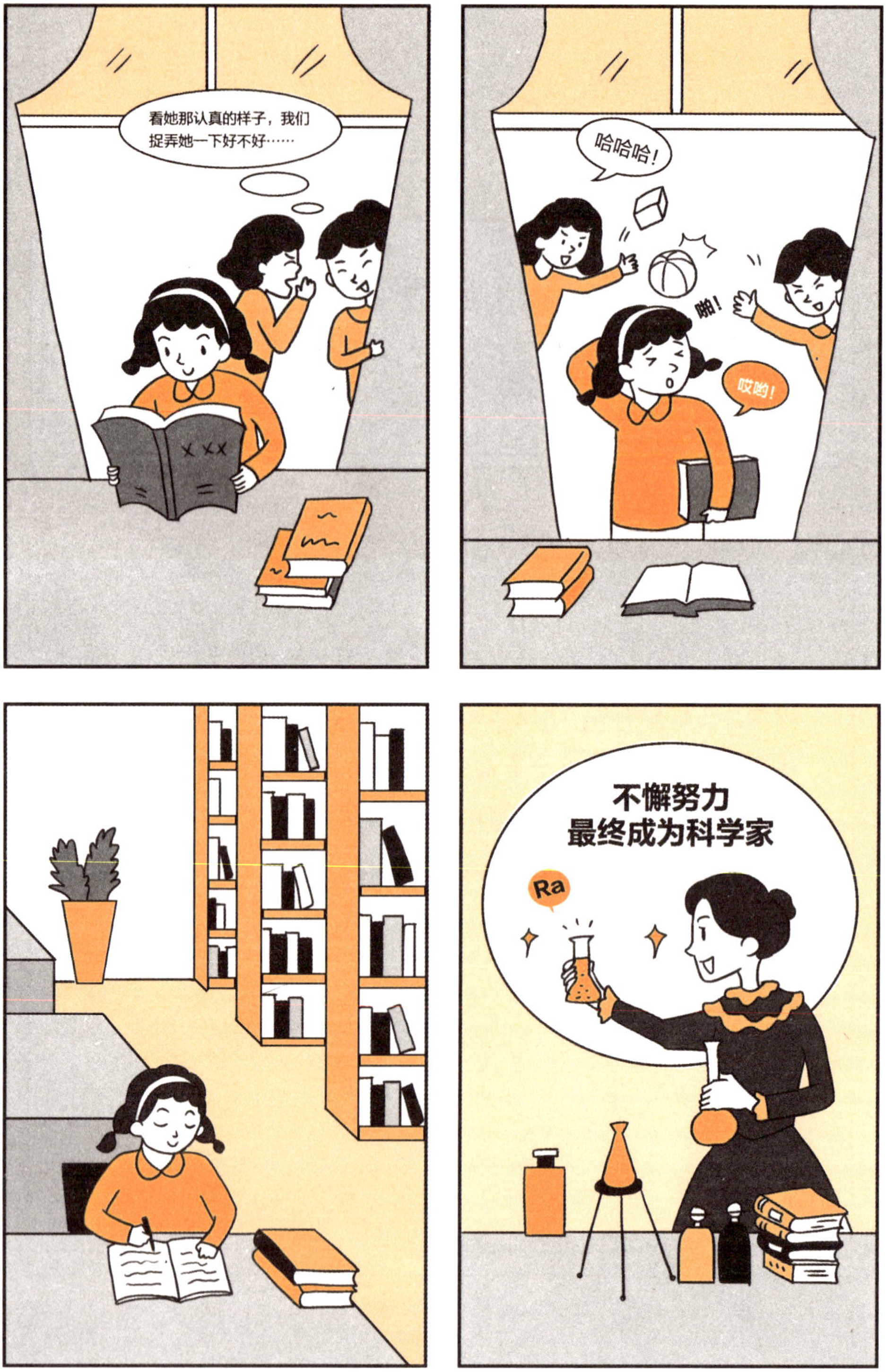
看她那认真的样子，我们捉弄她一下好不好……
哈哈哈！
啪！
哎哟！
不懈努力
最终成为科学家
Ra

用知识武装自己

居里夫人出生在波兰华沙,从小,她就是一个非常热爱学习的女孩。居里夫人名叫玛利亚。她有好几个姐姐。每天吃完饭之后,姐姐们就在一起玩游戏,开心得哈哈大笑,但是玛利亚从来不参加姐姐们的游戏。有的时候,她认为姐姐们嬉笑打闹的声音太吵,就会用东西把耳朵塞住,专心致志地读书。姐姐们看到玛利亚这么热爱学习,常常来逗她,或者邀请她一起玩,但她总是表示拒绝。

有一天,表姐来到家里做客,看到玛利亚专心致志地看书,就想捉弄玛利亚。以表姐为首的几个孩子悄无声息地把几把椅子堆在玛利亚的身后,然后等着看玛利亚闹笑话。让她们没有想到的是,她们在旁边等了半个多小时,玛利亚依然全神贯注地看书,根本没有站起来离开的意思。

正当表姐和姐姐们都等得着急的时候,玛利亚终于读完了一本书。她站起来准备去拿其他书,但是她刚刚抬起头,就把姐姐们堆得高高的椅子碰倒了,椅子高塔彻底坍塌了,还砸到了玛利亚的肩膀上。

姐姐们看到恶作剧终于成功了,赶紧一边哈哈大笑一边逃跑,她们认为玛利亚一定会追赶她们,向她们报仇。她们跑了一段时间,扭头发现跟玛利亚根本就没有追赶她们。她们感到非常纳闷,因而折返回来查看情况,她们惊讶地看到,玛利亚早就重新拿了一本新书,正坐在那里安安静静地看呢!对于她们的恶作剧,玛利亚压根儿没放在心上,也丝毫不计较。

后来,玛利亚成为了一名家庭老师,但她并不满足于现在所拥有的知识,很想继续进入大学深造。然而,在当时,传统的观念给了人们很大的影响,因而著名的大学不愿意接收女学生。为此，玛利亚想到应该去巴黎学习化学和物理知识。恰巧这个时候，玛利亚的一个姐姐也想去巴黎，因为姐姐想成为一名医生。因为有着共同的理想和志向，所以玛利亚和姐姐开始攒钱。后来，姐姐先去了巴黎学习医学，玛利亚则留在波兰继续挣钱。她把自己挣到的钱都供给姐姐读书。几年之后，姐姐获得了博士学位，玛利亚才终于来到巴黎求学。她生活的条件非常艰苦，但是她却不以为意。她最喜欢在图书馆里看书，常常废寝忘食，直到图书馆闭馆的时候才舍得离开。回到宿舍之后，玛利亚不舍得睡觉浪费时间，就继续在油灯下看书，经常要看到凌晨才会休息。

正是因为有着如此勤奋刻苦的精神，玛利亚在毕业考试的时候获得了物理学硕士第一名的好成绩。在求学的道路上，她孜孜以求，从不懈怠，后来她与丈夫一起发现了两种放射性元素，获得了诺贝尔奖。在丈夫去世之后，她又通过自己的努力，发现了一种新元素，因而再次获得了诺贝尔奖。

居里夫人的成长历程让我们知道，作为一名女性，不管出生在怎样的家庭里，也不管社会环境如何，都应该坚持学习，因为唯有学习才能帮助我们改变命运，也唯有学习才能让我们实现人生的价值。

对于任何人而言，知识都是至关重要的，因为知识可以帮助我们产生巨大的力量，也可以帮助我们彻底改变命运。如果说一个人曾经非常平庸，碌碌无为，那么只有掌握了知识，他们才能够彻底改变。作为女孩，千万不要认为学习无用，更不要认为知识无用。纵观古今中外那些有所成就的人，虽然有胆识，有魄力，但同时也是非常热爱学习的，他们全都掌握了很多知识。当女孩能够用知识来武装自己，就会具有更开阔的眼界，也会具有更丰富的人生经验，还会具有更强大的生命力量。

具体来说，女孩如何才能做到用知识武装自己呢？

首先，女孩应该坚持去学校里接受系统的教育。现代社会，基础教育已经非常普及了，每一个女孩都应该进入学校里接受基础的教育，为未来的学习打牢基础。女孩还要致力于养成良好的学习习惯，形成一种学习思维，这对于女孩未来的学习也是很有帮助的。

其次，女孩要坚持多多读书，除了在学校里接受学校教育之外，还应该通过读书的方式坚持学习。读书是最方便快捷的学习方式，而且成本非常低廉。只要女孩有心，哪怕正在从事工作，或者是从忙碌的生活中挤出时间，都能够做到坚持阅读。很多女孩没有兴趣爱好，总是把很多空闲的时间用于做一些毫无意义的事情，这对于女孩而言是在浪费时间。越是在学习的重要阶段，越是应该争分夺秒，抓紧一切时间学习。时间就像海绵里的水，挤一挤总是会有的，所以不要抱怨自己没有时间，而要认识到时间就是知识，时间就是力量。

再次，抓住各种机会进行提升。对于女孩而言，要抓住各种各样的机会提升自己的学习能力，例如，除了上学之外，还有很多方式可以坚持学习，网络上课，或者利用业余时间参考函授课程、自学考试，以及参加各种培训班等，这些都可以帮助女孩坚持学习。总而言之，只要有心，处处皆学问，只要有心，处处皆是学习的机会。

最后，女孩要学会向身边的人学习。俗话说，"三人行，必有我师"。获取知识的方式是多种多样的，如果女孩常常与身边那些知识渊博的人进行沟通，就能够学到很多知识，也会在不知不觉之间获得进步。知识能够让女孩变得越来越强大，也能够让女孩获得更快乐的成长，女孩一定要坚持学习，才能获得更多的知识。

争取更优秀

林兰英是我国大名鼎鼎的科学家，她在科学领域做出了杰出的贡献。她之所以能够取得如此伟大的成就，并不是因为家庭条件优渥，也不是因为获得了良好的学习条件。在林兰英小时候，她的家境特别穷苦，又因为家里的孩子比较多，所以她的父母根本不能同时供养所有孩子读书。在这样的情况下，他们只能艰难地做出选择。

有一天晚上，妈妈对刚刚小学毕业的林兰英说："作为女孩，能读到小学毕业已经很好了。你看你，读书不但不挣钱，还要花很多钱。家里经济这么困难，根本就没有办法继续供你读书了。你再看看你的姐姐们，她们都能帮我做家务，还能为我分担一些养家的负担呢。所以我觉得你既然已经小学毕业了，也就别再继续读书了，和姐姐们一样帮我干家务活，帮家里挣钱吧！"

听到妈妈的话，林兰英感到非常为难，她很清楚家里的经济状况非常糟糕，思来想去，她对妈妈说："妈妈，我听说中学规定只要考第一名，就不用交学杂费。只要您愿意让我读中学，我就向您保证，我一定年年考第一，不需要您额外掏钱。"看到林兰英一心一意地想要读书，妈妈不忍心让林兰英辍学，对于林兰英承诺年年都考第一免除学杂费这件事情，妈妈也没有放在心上，毕竟中学里有那么多人，想考第一并不容易。妈妈想道：这个孩子不到长城心不死，不如就让她再上半年中学，如果考不了第一，再让她辍学，这样她就不会有意见了。怀着这样的想法，妈妈同意林兰英继续读中学。

在初中，整个班级只有林兰英一个女生，那些男生看到林兰英都感到不屑一顾。他们认为女孩天生不擅长学习，然而林兰英从未想过放弃，考第一的信念更不曾动摇。她下定决心一定要考第一名，不管别的同学是已经放学回家休息了，还是在课间休息和玩耍，林兰英都坐在座位上埋头苦读。到了期中考试的时候，林兰英果然获得了第一名的好成绩。学校按照规定免除了林兰英的学杂费，看到林兰英的成绩这么好，妈妈只好暂时搁置了让林兰英辍学的计划。她想：也许这一次只是偶然考了第一名，算是运气好，那就让她再多读半年吧。然而让妈妈惊讶的是，林兰英每次考试都能取得第一名的好成绩，而且从来没有跟家里要过一分钱交学杂费。这让爸爸妈妈产生了信心，他们认为林兰英是读书的好苗子，家里哪怕砸锅卖铁，也要供林兰英读完初中。爸爸妈妈哪里知道林兰英的理想和志向并不在于读完初中。在初中三年里，林兰英每次考试都能得到第一名的好成绩，在学习的道路上走得越来越远，最终成为大名鼎鼎的科学家。

在这个事例中，林兰英的生活非常穷困，但是她却有着顽强的求学精神，和很多现代的女孩相比，林兰英是值得学习的。现代社会中，很多女孩生活条件非常优渥，从来不为衣食住行而发愁，也有很好的学习条件，但是却不愿意学习，更别说像林兰英这样每次考试都考第一名了。

争取考第一，这听起来是很容易，但是想要真正的做到却很难。对于林兰英而言，她一则非常热爱学习，二则不想因为给家里增加经济负担而辍学，所以就只能拼尽全力地考取第一名。正是因为有这样的压力，她才有那么强大的动力。作为女孩，应该向林兰英学习，在学习方面充满超强的动力，始终坚持不懈，孜孜以求。

很多记者都曾经采访过大名鼎鼎的科学家牛顿，想要知道牛顿是如何获得成功的。其实，牛顿对于成功的理解非常简单，那就是必须勤奋才能获得成功。一个人在学习的道路上不可能始终顺遂如意，一帆风顺，所以必须坚持学习，努力掌握更多的知识，才能距离成功越来越近。要想考取第一名，女孩也应该养成勤奋学习的好习惯，这样才能在学习的道路上始终保持进步。

首先，女孩要扎实地掌握基础知识。在学习的过程中，有大量的基础知识是需要牢固掌握的。对于这些基础知识，女孩不要因为简单就轻视它们，也不要因为它们没有那么重要，就忽略了它们。这些基础知识就像是盖楼的地基，只有夯牢基础才能平地起高楼，换言之，只有掌握基础知识，在未来的学习道路上才会有更大的动力。

其次，遇到难题的时候，女孩要勤于思考。很多女孩都不愿意思考难题，这是因为一旦遇到难题，她们就被阻碍住。其实，学习就是要超越一个又一个的困难和障碍，要想学习更多的知识，掌握更多的技能，就要拥有迎难而上的精神。在遇到难题时，不要当即就向父母寻求解决之道，也不要借助于各种工具书查找答案，而是应该运用已经学习到的基础知识进行理解、分析和深入思考，这样才会做得更好，也能够在学习上有更加突出的表现。

再次，女孩要学习身边那些优秀的榜样。俗话说，"近朱者赤，近墨者黑"，女孩应该多多跟学习勤奋的同学在一起相处，从而潜移默化地受到对方的影响，也可以积极主动地学习对方的优点，这样才能始终保持进步的姿态。很多女孩之所以学习成绩不稳定，就是因为她们没有养成勤于思考和独立解决问题的好习惯。

最后，要养成良好的学习习惯。习惯是非常重要的，也是需要假以时日才能养成的，一旦养成了良好的学习习惯，就能做到一劳永逸。很多女孩在在学习的过程中都没有形成好习惯，不能做到积极主动，因此在学习上也不能表现得出类拔萃。

俗话说，"一分耕耘，一分收获。"作为女孩，我们也许并不是最聪慧的，但是我们一定要坚持笨鸟先飞，做到积极主动、勤奋刻苦地学习。只要坚持点点滴滴地付出，相信我们一定能够获得成功。

用发现的眼光挖掘自己的长处

罗琳是一个非常爱幻想的女孩，从小她就表现出超强的想象力。她常常把自己头脑中奇奇怪怪、光怪陆离的各种画面描述给别人听，但是身边的人很难理解她，每当听到她讲出很多离奇的情节，大家或者嘲笑她，或者批评她"这么大了，还胡思乱想，仿佛永远也长不大一样"，而从未有人支持她。即便得到大家这样的对待，罗琳也没有因此而改变自己，她依然沉浸在想象的世界里，感受着幻想的神奇和美妙。

25岁那年，罗琳认为自己不能再继续这样浑浑噩噩地活着了，她下定决心要改变生活。但是，她从未打算改变自己爱幻想的特点。她听说西班牙是一个

非常浪漫的国度，所以来到了西班牙。在那里，她成了一名教师，给学生教英语。这让她有大量的时间可以继续沉浸于幻想之中，并且把那些幻想中的美妙世界描写出来。来到西班牙不久之后，她就与一名记者走入了婚姻的殿堂，最终，这名记者因为无法忍受罗琳的各种幻想而选择了离婚。就在这个时候，学校因为各种原因要裁员，罗琳失去了工作。在异国他乡无依无靠的罗琳无法继续生存下去，只好回到了自己的家乡，靠着救济金生活。在身边所有人之中，只有女儿是罗琳幻想的坚定支持者，女儿最喜欢听罗琳讲她头脑中千奇百怪的童话故事了，这让罗琳的坚持有了更强大的力量。

一个偶然的机会，罗琳在乘坐地铁的时候遇到了一个十几岁的小男孩，这个小男孩儿简直就像是从罗琳笔下的童话世界中走出来的。他身材适中，面容端庄清秀，还戴着一副窄边的黑框眼镜。看起来，这个小男孩非常淡然自若，不像其他孩子那样急急忙忙，而且他就像一个真正的绅士那样温文尔雅。这个小男孩的出现彻底打开了罗琳的想象世界，她当即产生了灵感，回到家之后就创作了《哈利·波特》这部长篇小说。虽然《哈利·波特》完成了，但是很少有出版商愿意出版这本书，只有一个出版商抱着试试看的心态愿意出版。让罗琳万万没有想到的是，《哈利·波特》一经问世即畅销世界各国。从此之后，罗琳的生活大为改观，再也没有人说她是一个只会幻想、不切实际的女孩了。

很多孩子都喜欢看《哈利·波特》，这是因为《哈利·波特》营造的魔法世界满足了孩子们的想象和幻想。又有谁能想到，《哈利·波特》是罗琳在饱尝生活的艰辛之后创作出来的作品呢？

如果罗琳当初放弃了自己爱想象爱幻想的特点，在被他人指责和批评之后，选择务实地去做一些普通而又平凡的事情，那么这个世界上就不会有《哈利·波特》的魔法世界了，罗琳的人生也不会有如此传奇的改变了。罗琳之所以能获得成功，是因为她始终坚持自己的特长，并且发展自己的特长，她才能守得云开见月明，成为不可取代的创作者。

俗话说，"尺有所短，寸有所长"。每个人既有自己的优点和长处，也有自己的缺点和不足，作为女孩，应该努力发掘自己身上的闪光点，使其发展成为自己的核心竞争力，也应该知道自己身上的短处是什么，从而尽量避开，这样女孩才能够让自己成为更独特的人，也才能够让自己做出更伟大的成就。

对于生命中的很多境遇，我们要怀着一分为二的态度去看。纵观罗琳的经历，我们可以看出罗琳是在离婚且遭遇失业的打击之后，才在无奈之下回到家乡的。又因为偶然的机会，她看到了那个仿佛从童话世界中走出来的男孩，才一发不可收拾、一气呵成地完成了《哈利·波特》的写作。如果罗琳的生活始终一帆风顺，一直从事教师的工作，那么她在安逸稳定的生活中，很有可能无法创造出《哈利·波特》这样的巨著。

有些事情看似是生命中的打击，实际上却是生命中不可多得的契机。作为女孩，要想让自己拥有更好的发展和成长，就应该一分为二看待问题，既能看到打击，也能看到契机，既能看到自己的短处，也能看到自己的长处，这样才能始终坚持成长，有所成就。

很多女孩也许会认为自己一无是处，默默无闻，其实，事实并非如此。女孩之所以这么想，是因为她们对于自己并没有信心，或者说她们还没有挖掘出自己的长处。女孩要想让自己变得与众不同，就要善于发现和利用自己的长处，并且朝着自己的目标坚定不移地前行。如果喜欢画画，那么有可能成为一名画家；如果喜欢唱歌，那么有可能成为一名歌唱家；如果喜欢写作，那么有可能成为一名作家；如果喜欢玩积木，说不定长大之后能够成为一名设计师。总而言之，每个人都有天赋，之所以有的人能够凭着天赋获得成功，而有的人却甚至没有发现自己的天赋，不在于天赋是否存在，而在于能否能发现它。每个女孩都要成就最独特的自己，也要创造自己人生的意义和价值，更要从容自信优雅地面对人生，那么一定要发现自己的天赋，实现自己的梦想。

坚持不懈，才能取得胜利

莫妮卡·皮茨是德国大名鼎鼎的女作家。她之所以走上写作这条道路，完全出于偶然。在凭着写作成为一名作家之前，莫妮卡是一家公司的销售经理。那个时候，她才二十多岁，非常年轻，有着用不完的精力。因为公司生意非常冷清，所以作为销售经理的莫妮卡每天工作总是无所事事。有一段时间，她每天上班都觉得很无聊，因而特别想换一个工作岗位。她主动向上司提出想换到一个更加重要的岗位上，这样也可以有所作为，却没想到因此而遭到了公司的解雇。原来，公司的经营状况越来越糟糕，已经不需要那些每天无所事事的员工了。就这样，莫妮卡突然面临失业的窘境，她还从来没有做过失业的心理准备呢，所以不但生活上感到很困窘，精神上也受到了很沉重的打击。

莫妮卡是一个积极上进的女孩，她可不愿意在待业的过程中每天都无所事事地打发时间。一个偶然的机会，莫妮卡买了一本笔记本电脑，但是，她却没有想到，这个笔记本电脑会彻底地改变她的人生。

有了笔记本电脑之后，莫妮卡一边找新工作，一边坚持写作。失业之后，她一直感到精神郁闷，所以写作能极大地缓解她的精神压力。在写作的过程中，她还常常感到愉悦，找到了这样一件让自己很愿意坚持去做的事情，莫妮卡感到特别惊喜。随着时间的流逝，莫妮卡写的东西越来越多。这个时候，她已经找到了新工作。她每天白天坚持工作，利用晚上的时间坚持写作，虽然有些辛苦，却从没有放弃过。

在日积月累之下，莫妮卡终于完成了一部小说书稿。抱着试试看的心态，她把小说投递到几家出版社。有一家出版社愿意出版这个书稿，而另一家出版社却拒绝出版莫妮卡的书稿。后来，这本书稿出版之后引起了巨大的反响，这让莫妮卡看到了自己人生中新的机遇。她突然意识到，原来她即使失业了，也可以成为一名作家，原来她即使被拒绝了，也依然还会有赏识她的人。从此之后，莫妮卡对于写作更加执着，满怀热爱，最终成为大名鼎鼎的作家。

任何人都不可能一蹴而就获得成功，人生的道路也不会是一帆风顺的。面对人生的坎坷，面对个人发展的各种际遇，我们不要因为失意沮丧就选择放弃，而是要继续努力坚持下去。在这个事例中，莫妮卡虽然失业了，但是她毫不气馁。在为自己买了一台笔记本电脑之后，就开始了业余创作。莫妮卡的小说书稿虽然被一家出版社拒绝了，但是她没有放弃，而是又把小说投递到其他出版社，正是在这样坚韧不拔的尝试之下，莫妮卡最终找到了人生发展的新方向，成为一名伟大的作家。

在社会生活中，不管是女性还是男性，要想更好地生存，就必须学习更多的文化知识，掌握专业的生存技能，坚持不懈地去做自己想做的事情，能够承受打击和挫折。现代社会中，靠着人情和各种人脉关系已经很难真正地站稳脚跟了，每个人都必须靠着真才实学才能在社会上立足。有些人会钻空子，趁着自己还年轻，做一些不需要出力而只需要付出青春美貌的事情，这其实是在毁掉自己的一生。毕竟时光的流逝会带走每个人美丽的容颜，尤其是作为女孩，千万不要因为自己长得漂亮就想不劳而获。最终不管靠谁都是靠不住的，女孩一定要拥有自己的一技之长，拥有自己的独特之处，才能真正站稳脚跟，立足人世。

一直以来，受到传统思想的影响，很多人认为女孩没有男孩强壮，并且没有男孩力气大。然而，随着社会的发展，现在已经不再是农耕时代要靠体力在地里求生活了，而是进入了脑力劳动时代，每个人都要靠着知识、技能和聪明的大脑行走社会。所以女孩在体力上处于弱势地位的客观现实，对于女孩的发展所起到的影响和作用已经没有那么大了。这使得女孩与男孩的平分秋色成为可能。作为女孩，千万不要妄自菲薄，更不要看轻自己，而是要始终坚持不懈，才能最终获得胜利。

在做很多事情的过程中，女孩要有坚韧不拔的精神。在这个世界上，之所以有的人富有才华却一事无成，而有的人虽然没有独特的天赋却最终能获得成功，就是因为他们对待挫折的态度不同。前者在面对挫折的时候常常会不假思索地放弃，后者在面对挫折的时候却从来不曾放弃，而是坚持尝试到最后，努力到最后，笑到最后。越是作为女孩，就越是要勤奋刻苦，哪怕天资愚钝，也要相信在日积月累的付出之下，一定会发生天翻地覆的变化。

谁说女子不如男

我国大名鼎鼎的妇产科专家林巧稚医术非常高超，医德非常高尚，她曾经亲手救治了很多患者，也曾经亲手迎接过很多新生命降临人间。人们发自内心地尊敬和崇拜林巧稚。

林巧稚之所以能在妇产科领域做出如此伟大的成就，与她不服输的精神和顽强的学习力是密不可分的。在林巧稚小时候，社会上重男轻女的观点还很普遍，很多父母都认为女孩不如男孩，因而也丝毫不欢迎女孩的降生。即使在现代社会中，重男轻女的思想也会冲击很多女孩，尤其是在与男生竞争的时候，很多男生都看不起女孩，认为女孩娇滴滴的什么都做不好。但是，林巧稚顶住了来自家庭和社会的重重压力，始终非常努力勤奋地学习，她想要证明自己虽然作为女性，却巾帼不让须眉，一点儿都不比男生差。

凭着自身的实力，林巧稚进入了北京协和医学院学习。当时，协和医学院实行严格的淘汰制度，而且不允许补考，这使得每一个学员的压力都非常大。在即将举行期末考试的时候，很多男生都嘲笑女生未必能够考及格，身材瘦小的林巧稚对此却毫不认输，她当机立断地反驳这位男生："你敢跟我比谁考的分数更高吗？"

自从对这个男生下了战书之后，为了证明自己的实力，林巧稚更加努力刻苦复习，每天晚上都要学习到深夜。事实证明，林巧稚的成绩果然比那位男生高很多，从此之后，再也没有男生敢明目张胆地看轻学校的女生了。

后来，林巧稚凭着勤学刻苦的精神，凭着杰出的表现，不但顺利地从北京协和医学院毕业，还获得了博士学位。林巧稚的成长经历告诉我们，巾帼不让须眉，女生在很多领域完全可以做得比男生更优秀。

受到传统封建思想的影响，很多人都觉得女孩在学习方面天生处于弱势，远远不如男孩，其实这个观点是错误的。现代科学研究已经证实，女孩不管是在智商方面还是在学习方面，丝毫不比男生逊色。尤其是当女孩拥有不服输的精神，想要用实力来证明自己的能力时，她们就会激发自身的潜能，在各个方面的表现更好。

在这个事例中，林巧稚面对男孩儿的轻视，丝毫没有认输，反而主动向男生发起了挑战，林巧稚以实际行动证明了自身的能力。现代社会中，男女平等，已经没有男孩去无端地嘲笑或者是贬低女孩了，女孩生存和发展的环境越来越好。在这种情况下，女孩更是要勤奋刻苦，努力学习，自强自立，和男孩一起为社会发展做出贡献，促使社会发展得更加和谐。

女孩要想证明自己的实力，要想表现出自己的优秀，就要坚持学习。在所有能力中，知识是最强大的力量。在曾经的农耕时代，男孩在农业工作中的确比女孩占据更大的优势，因为男孩的身体更强壮，力量也更大。但是在现代社会中，很多领域都讲究专业知识和技能，所以女孩只要勤于学习，就能够增强自己的"力量"。很多女孩都梦想着和林巧稚一样成为一名医生，那么就应该更加全力以赴地学习。

有的女孩有不同的志向，例如，有些女孩想成为科学家，有些女孩想成为建筑师，有些女孩想成为老师。总而言之，不管女孩怀有怎样的梦想，确立了怎样的人生志向，要想最终达到目标，都必须坚持不懈地努力前行，唯有如此，女孩才能成长得更快，迈开大步走向成功。

正确对待批评

欢欢和乐乐是一对双胞胎，从小就形影不离地一起长大，连兴趣爱好都基本相同，例如，她们都很喜欢画画，也都很喜欢跳舞。为了发展她们的舞蹈天赋，妈妈为她们报名参加了舞蹈培训班。在舞蹈培训班，欢欢和乐乐都非常卖力地学习。然而，老师对于欢欢的评价很高，对于乐乐的评价却有些低。

经历了一年多的学习，培训机构正在组织舞蹈考级。妈妈向老师咨询欢欢乐乐报舞蹈考级的相关事宜，老师对妈妈说："欢欢完全可以直接报二级，但是乐乐可能连一级都很难过关，因为乐乐在舞蹈方面没有什么天赋。这双胞胎姐妹可真是完全不同呀，欢欢简直就是一个天生的舞蹈家，我建议你与其勉强乐乐也学习跳舞，还不如给乐乐报名其他兴趣班，然后集中全力培养欢欢的舞蹈天赋。"这个时候，欢欢乐乐正在一旁玩耍，乐乐听到舞蹈老师的话，一开始感到很沮丧，甚至想要放弃跳舞，但是后来她想：虽然我不适合跳舞，但是勤能补拙，只要我坚持练习，应该也是可以过关的。这么想着，当妈妈询问欢欢乐乐对于跳舞的态度时，乐乐很坚决地对妈妈说："妈妈，我要跳舞，我要成为一名舞蹈家！"

乐乐是一个非常有韧性的女孩。在打定主意之后，即使老师经常批评她在舞蹈方面表现不佳，她也毫不气馁，反而继续努力。反倒是欢欢，因为总是得到老师的表扬，所以有点浮躁，还有些骄傲。又过去了一年多，到了再次考级的时候，欢欢只过了三级，乐乐却连跳两级，直接考了四级，而且顺利通过。看到乐乐这样的表现，妈妈忍不住对乐乐竖起了大拇指。

人都有趋利避害的本能，每个人都想得到他人的认可和赞赏，而不愿意被他人批评和否定，孩子更是如此。但是，孩子未必会在每一个方面都表现很好。当孩子表现不佳的时候，不管是作为父母还是老师，常常会为孩子指出不足，也会引导孩子改正错误。在这种情况下，一旦措辞不当，孩子就会误认为自己遭到了批评。但是，既然这种情况是不可避免的，父母一味地避免批评孩子是根本不可能做到的，最理性的做法是要增强孩子的挫折承受力，让孩子能够从容坦然地面对批评。

具体来说，女孩应该如何做，才能发挥批评的积极作用，让自己正确地面对批评，也使批评发挥最强大的效力呢？

首先，女孩要认识到，批评是他人真心诚意地为我们提出中肯的意见。很多女孩不喜欢被批评，只喜欢听恭维话，一味的恭维只会让女孩迷失自我，也会让人自我感觉良好。只有那些真正想让女孩获得进步的人，才会给女孩提出最中肯的意见，这对于女孩的成长而言是必不可少的推动力。

其次，女孩要具有自我反省的精神。很多女孩缺乏自我反省，不知道自己有哪些不足，因而在被别人突然批评的时候，往往很难接受。如果女孩具有自我反省的精神，能够反省自己在很多方面的表现，那么就会预先做好心理准备，知道自己在哪些方面处于优势，在哪些方面处于劣势，从而获得更快的进步。这样当面对他人的批评时，也就能更容易接受。

再次，女孩要有良好的心态。不管想在哪个方面获得发展，女孩都不可能一蹴而就获得成功。成长的道路是非常漫长的，也会面临很多坎坷挫折，女孩要想获得成功，就一定要有很强的心理素质。要知道，那些为我们提出不足的人都是真心为我们好的人，也要认识到得到表扬并不是我们成长的最终目的，我们真正的目的在于提升自我，成就自我，这就要借由被批评的机会去大力推进。

最后，女孩要有创新的意识和创新的精神。在这个世界上，从来没有两片完全相同的树叶，更没有两个完全相同的人。不管想在哪一个领域获得成功，都要知道在所有的领域中都有很多优秀的前辈，也有很多优秀的同行者，并且要向他们学习。女孩要坚持创新，这样才能推陈出新，尤其是在自身发展遭遇瓶颈的时候，更要能够主动地打破自我的局限，超越自身的不足，才能有所作为。

总而言之，对待批评，女孩不要怀有排斥、抵触和抗拒的态度，而是要认识到批评是很重要的，它能够给予我们更大的成长空间，给我们的成长以强大的助推力。

第四章

有出息的女孩坚持阅读，用书香浸润人生，丰实心灵

读书是最廉价也是最简便易行的学习方式，有出息的女孩一定要坚持阅读，这样才能在成长的过程中不断拓宽眼界，也才能用书香浸润人生。人们常说，不经历无以成经验，但是因为成长的阅历有限，所以更需要通过读书来获得丰富的感受、精神和情感，从而最终起到滋养心灵的作用。

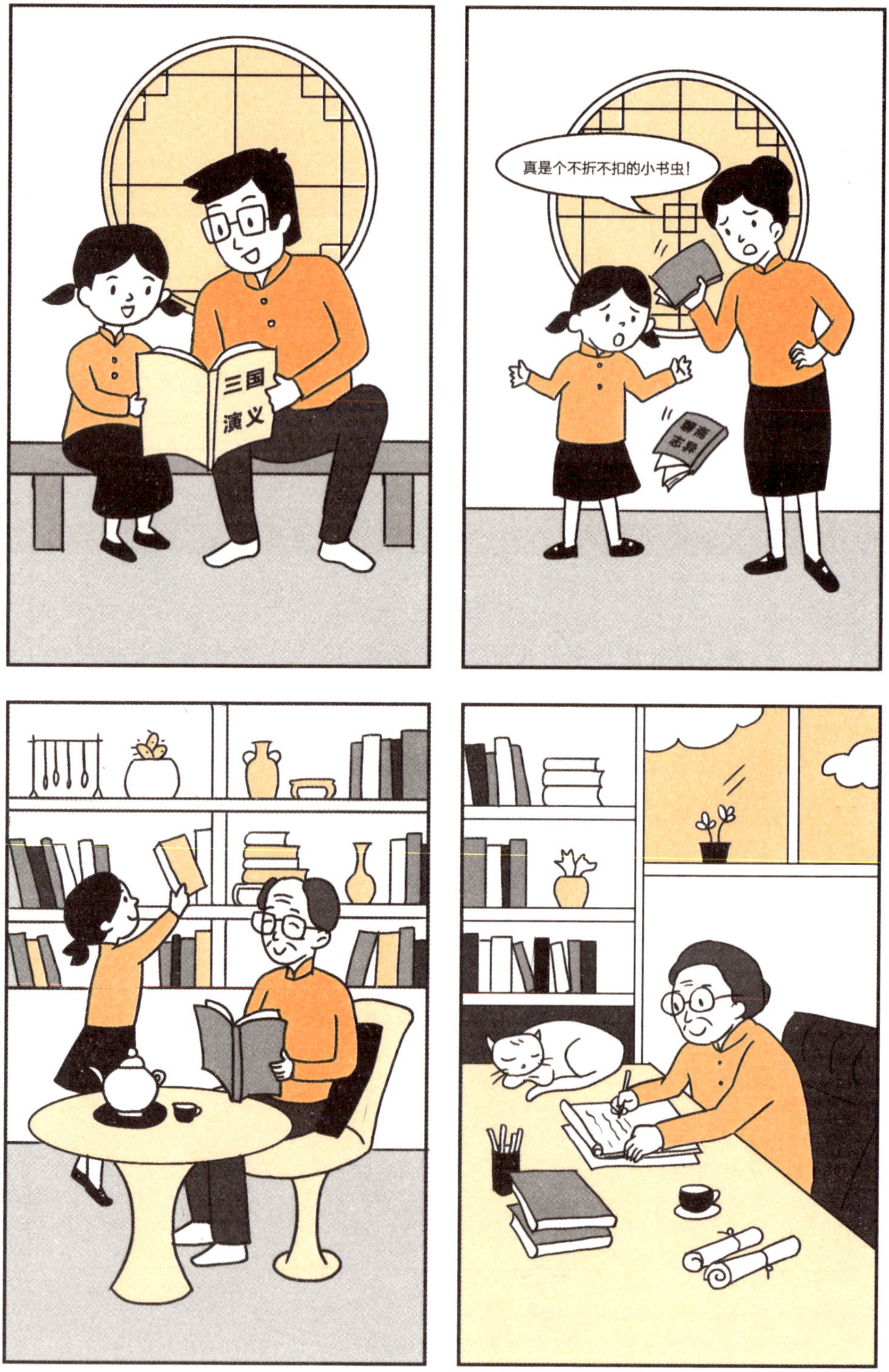
三国
演义
真是个不折不扣的小书虫！

书中自有颜如玉，书中自有黄金屋

冰冰小时候跟随舅舅一起学习。每天晚饭之后，舅舅会为冰冰讲述一段《三国演义》的故事。舅舅讲述得绘声绘色，冰冰听得非常着迷，有的时候舅舅讲完了一小段故事，冰冰还意犹未尽，就会自己拿起《三国演义》阅读。因为认识的字不够多，对于故事的内容也不能够深入了解，所以冰冰读《三国演义》完全是囫囵吞枣。即便如此，她也读得兴致盎然。

随着读书的时间越来越长，冰冰认识的字也越来越多了。这个时候，她不想再只读《三国演义》的一小段，而是想把《三国演义》从头读到尾。虽然冰冰在阅读的过程中常常会读错一些字，或者对于一些词语的意思理解得不到位，但是她始终坚持不懈地阅读。正是因为从小养成了阅读的好习惯，所以冰冰在成长的过程中特别喜欢看书，在识字量大增之后，她读的书也越来越庞杂。有的时候，冰冰因为读书而废寝忘食，不舍得吃饭，不舍得睡觉，只想把所有的时间都投入书本中，只想跟着书中的主人公一起哭，一起笑。

有一次，冰冰正在专心致志地读《聊斋志异》。妈妈放好了洗澡水来喊冰冰洗澡，冰冰虽然口中答应了妈妈，却还是坐在那里看了很长时间书。不知不觉间，洗澡水都已经凉了，冰冰依然津津有味地读《聊斋志异》呢。这个时候，妈妈看到辛辛苦苦烧好放好的洗澡水已经凉透了，生气地夺走了《聊斋志异》，把它一撕两半。看到自己的聊斋志异被妈妈如此粗暴地对待，冰冰急得哭了起来。她当即捡起地上剩下的那一半儿《聊斋志异》，擦干眼泪，又投入地看了起来。看到冰冰因为读书而痴迷的模样，妈妈真是又想哭又想笑，气又气不得，打又打不得，只好无奈地说："真是个不折不扣的小书虫！"凭着热爱读书的精神，冰冰在8岁的时候就读了很多作品，等到10岁的时候，她就开始读舅舅指定的书目了。

读书让冰冰比同龄人的眼界更为开阔，也比同龄人有更深邃的思想。11岁那年，冰冰回到了故乡福州。看到祖父的书房里摆满了书，她只要一有空就会躲在祖父的书房里看各种各样的书。她对书非常爱惜，不但会把看过的书放回书架上原来的地方，在看书的过程中也会小心翼翼地保护着，所以祖父非常欢迎冰冰这个小书虫在他的书房里畅游。在此期间，冰冰接触到了国外翻译过来的小说，也通过这些小说了解了国外的风土人情。在成长阶段坚持阅读，让冰冰的文学知识越来越丰富，文学素养越来越高，正因如此，冰冰才能成为不起的文学家。

女孩只要想读书，就可以随时随地地阅读，哪怕没有足够的时间，也可以争分夺秒地读书。作为女孩，一定要养成热爱阅读的好习惯。女孩读书就像蜜蜂采蜜，要孜孜不倦，要采集书中的很多知识，才能酿出知识的"蜜"。对于女孩来说，在读书的时候应该注意哪些方面呢？

首先，要养成长期读书的好习惯。在这个世界上，从来没有人因为一本书就改变自己的命运，所以女孩要想通过读书获得成长，就必须持之以恒。对于读书，女孩未必每天都要读大量的书，但是每天都应该坚持阅读。例如，每天只要抽出半个小时读书，长年累月地积累下来，女孩就会读很多书，由量变引起的质变将会让女孩的人生发生根本性的改变。

其次，读书要有所选择。读书并不在于多，而在于精。如果女孩不管看到什么书都会去读，那么有些书毫无营养价值可言，反而会浪费宝贵的时间和精力。在选择书籍的时候，一则可以根据自己的兴趣爱好进行选择，二则可以根据自己的成长需要进行选择，这样就可以始终坚持阅读最有价值的书了，对于女孩的成长是大有裨益的。

再次，女孩读书不能只选自己喜欢的书，而是要有意识地拓宽自己的知识面。前文我们说过，要有选择性地读书，这里我们说，要拓宽知识面。拓宽知识面与有选择地读书并不冲突。对于有些书，女孩是凭着兴趣爱好坚持阅读的，对于有些书，女孩哪怕不十分感兴趣，只要是对成长有益的，也应该尝试。当女孩坚持这么做，不但能够见多识广，还能积累更为丰富的知识，也能够提升文学素养。

最后，书非借不能读也。很多女孩对于摆在家里的书没有兴趣阅读，对于从同学或者其他人手中借来的书，则会抓紧时间看完。这正应了古人所说的那句话——"书非借不能读也"。作为父母，要把女孩需要看的书都买回家里是非常困难的，那么可以给女孩办理图书证。如今，很多大城市里都有图书馆、阅览室等。有了图书证之后，女孩就可以去图书馆和阅览室里借阅自己喜欢的书，这对女孩而言就相当于多了一个储备丰富的书库，看起书来会更加方便，选择的空间也会更大。

除了给女孩提供这些方面的便利条件之外，父母在家中也应该营造读书的氛围。很多父母在家庭生活中是不折不扣的低头族，只要回到家里就低着头看手机，而很少关注到孩子在干什么，更是不曾以自身的实际行动为孩子树立榜样。父母要想引导孩子养成读书的好习惯，自身应该热爱阅读。家中要有书柜，要有读书角，还可以开创亲子读书时间，这些好的家庭氛围都能够激发女孩的阅读兴趣，也引导女孩领略阅读的魅力。

以知识提升自己的智慧

琳琳非常热爱读书，很小的时候，她就认识了一些字，然后开始尝试着阅读。后来，随着不断长大，琳琳读的书越来越多，认识的字也越来越多，与此同时，她的学习能力也越来越强。九岁的时候，琳琳的同龄人都在读小学三年级，但是琳琳却已经自学完成了初中的课程。看到琳琳在学习上如此超前，并且没有感到特别吃力，爸爸意识到琳琳的学习过程可以再压缩。就这样，爸爸开始教授琳琳高中课程，到了11岁，玲玲就已经读完了所有的高中课程。琳琳参加了高考，居然顺利地考入了少年科技大学，对于琳琳在学习上出类拔萃的表现，爸爸感到非常骄傲。

要知道，很多比琳琳大得多的孩子参加高考都会遇到各种各样的困难，那么小小年纪的琳琳是如何在高考中脱颖而出的呢？对此，琳琳把其归功于阅读。她说书中有很多知识，通过学习这些知识，才能获得成长。在进入大学之后，琳琳在学习上的表现也是非常优秀的。虽然她是班级里最小的孩子，但是她每年都能获得奖学金。除了热衷于学习，琳琳还热衷于创新，她经常从书中得到启发，把一些奇思妙想变成现实。同学和老师都很喜欢琳琳，很多同学还称琳琳为神童呢！

在一次期末考试中，很多同学被试卷的最后一道附加题难住了，但是琳琳却发现题目有问题，给出的资料不全。就这样，琳琳为老师指出了错误，老师非但没有生气，还表扬了琳琳。后来，琳琳在同学和老师之间的威望越来越高，渐渐地，琳琳成了学校里的名人。大学毕业之后，15岁的琳琳进入了一所世界知名的大学进行深造，并且顺利获得了硕士学位、博士学位。她在学习的道路上一帆风顺，这与她坚持通过阅读的方式从书中汲取营养是密不可分的。

爱读书的女孩都非常善于学习，她们通过阅读掌握了更多知识，也通过阅读提升了自己的智慧。在阅读的过程中，她们的学习力得以增强，所以学习与阅读之间其实是相辅相成的。阅读的书本越多，学习的能力就越强，学习的能力越强，反过来就会激励孩子读更多有益的书，使孩子获得突飞猛进的成长和进步。

在这个事例中，琳琳之所以能够超前完成初中和高中阶段的学习内容，进入了少年科技大学，就是因为她很爱读书，也很爱学习。实际上，所谓学习，就是踩着前人的肩膀看世界。如果我们站在一个很低的地方看世界，那么我们只能看到眼前的方寸之地，但是如果我们能借助于学习的方式踩着前辈的肩膀看世界，那么我们就相当于站到了巨人的肩膀上，所以学习从本质上来说是孩子成长和进步的不二捷径。

对于人类而言，书籍是不可或缺的精神食粮，也是人类精神文明几千年来的珍贵遗产。在学习和读书的过程中，我们了解了前人的生活，了解了前人的经验，也知道了前人是如何追求进步的。在读书的基础上，我们会结合自己现在的生活，探讨自己将会拥有怎样的未来，从而满怀希望地憧憬未来，也让自己获得更大的提升。

虽然有时候我们在读书的过程中并不能完全记住刚接触的新知识，但是我们对这些知识依然会留下深刻的印象。日积月累，我们脑海中的知识量越来越大，所储存的知识越来越多，我们也就可以真正地发挥知识的作用，让自己在成长方面有更为杰出的表现。

当然，只读一本书或者两本书，根本不可能达到这个目的。要想真正通过知识获得学习和成长，我们就要做到坚持读书。也许我们不能做到每天读一本书，但是我们可以做到每个星期、每半个月或者每个月读一本书。看起来，我们每天花费在读书上的时间并不多，但是假以时日，这些时间积累起来所产生的效果就是相当可观的。在生命的历程中，每个人的生命都极其短暂，一味地追求名利只会迷失自己。当我们沉浸在书籍的海洋中，当我们以知识来提升自己的智慧，我们就能够获得真正的成长。

越努力，越幸运

佳佳不但身材瘦小，而且长相也很普通，但是她却有着独特的气质，散发出书香的气息。而且，佳佳的学习成绩总是出类拔萃，班级里的很多同学都特别崇拜她，也愿意和佳佳交往，这使得佳佳不管走到哪里都会受人欢迎。那么，佳佳到底是如何做到这一点的呢？其实，这与佳佳爱读书的特点是密不可分的。

佳佳记忆力很好，才几岁就认识了很多字，也就开始了独立阅读。她喜欢读各种各样的书，刚刚进入小学的时候，虽然佳佳谁也不认识，更没有朋友，但是她一点都不着急。后来，她开辟了午间故事时光，利用午休的时间给同学们讲故事。听着佳佳绘声绘色地讲述，同学们全都特别开心。后来，班级里的大部分同学都成了佳佳的好朋友，他们每天都盼着到中午午休的时候听佳佳讲故事呢！

在小学低年级的时候，佳佳在学习上很有优势，这是因为佳佳读书很多，识字也很多，对于一年级的试卷，其他同学都不认识题目，也不知道意思，但是佳佳不需要老师读题就能独立完成试卷。每次考试，佳佳总是班级里第一个完成试卷的，而且考试成绩非常好。但是，随着不断成长，进入小学中高年级，佳佳在学习上的优势就没有那么明显了。

佳佳明显感到有些失落，妈妈语重心长地对佳佳说："小学低年级阶段，你读过五十本书，其他人只读过五本书，所以你还有优势。现在呢，大家也读了五十本书，你却只读了不到六十本书，你想想，你和别人比还有什么优势呢？任何优势都只是暂时存在的，因为别人始终都在追赶你。要想长久地保持优势，你必须持续努力。如果你现在抓住机会多多读书，你还是可以保持优势的。"

妈妈的话让佳佳恍然大悟，她当即又开始努力读书，她还对妈妈说："到了五六年级，我们就要冲刺小升初了，所以我要趁着现在学习任务还没有那么重的时候多多读书。"妈妈点点头，对佳佳说："等到了初中，你读书的时间就更少了，所以即便到了五六年级，你也要尽量多读书，这样你初中才会因为读书多而有优势。"佳佳点点头，很赞同妈妈的话。

人人都想拥有优势，这样在与别人竞争的过程中就可以占据优势，自身的压力也没有那么大，而且内心也会更加从容。然而，优势可不是天生的。要想在与他人比较的过程中获得优势，我们就要坚持努力。俗话说，"越努力越幸运"，说的正是这个道理。

在这个世界上，做任何事情都不可能不劳而获，更不可能一蹴而就。所以无论做什么，都应该持久地坚持下去。也许我们暂时会有优势，但是如果我们不能做到继续努力，那么优势很快就会消失，所以我们一定要更加努力，更加坚持，才能让优势始终存在。

要想保持读书方面的优势，其实是很容易做到的。一个人每天不管工作多么忙碌，总能抽出一定的时间进行阅读。在此过程中，我们就是在保持优势。反之，如果在读了几本书之后就骄傲自满，不愿意再继续读书，那么等到别人也读了几本书，我们的优势也就荡然无存了。

很多女孩会用丑小鸭来形容自己，也希望自己有朝一日能够蜕变成白天鹅。然而，我们毕竟不是真正的丑小鸭，要想变成真正的白天鹅，只靠着自然的成长是远远不够的。古人云，"腹有诗书气自华"，哪怕我们没有出众的外表，也可以通过读书来提升自己的素养和气质，增加自己的魅力。这样，我们就会变得越来越像真正的白天鹅了。

当然，读书也是有方法可言的，而不是一味地埋头苦读。在读书的过程中，我们要注意以下几点，才能让读书事半功倍。

首先，要带着问题读书。带着问题读书，让我们在读书的过程中答疑解惑，也会有重点地选读一些内容，这就使得我们在读每本书的时候都能解决一些问题，也算是有所收获。

其次，对于书中重要的内容，我们要牢牢地记住。对于书中的很多内容，如果只是走马观花地看一遍，并不能够为我们所用。例如，一些优美的字词，在读的过程中，我们可以将其背诵下来。再如，看到非常好的表达手法，我们也可以深入地研究，使其为我所用，这样书中的内容才会真正变成我们的知识，我们也才会因为掌握了这些知识而变得更加强大。

再次，如果遇到一本好书，我们迫不及待地想要将其读完，没有耐心去

"细嚼慢咽"，那么就可以采取跳读的方法，快速浏览整本书的内容，这样也可以对书中的内容有所了解。带着这样的大概了解，我们再去精读这本书，会收获更多。

最后，我们应该广泛地读书。很多人读书的面非常狭窄，例如，有些女孩只喜欢读散文，而不喜欢读长篇小说；有些女孩只喜欢读长篇小说，却不喜欢读散文；有些女孩只喜欢读科普文章，而不喜欢读哲学文章；有些女孩只喜欢读哲学文章，而不喜欢读科普文章。虽然我们说读书不能泛泛，但还是应该有意识地拓宽读书范围，拓宽自己的思想和眼界。鲁迅先生曾经说过，"读书就像采蜜，只有采集更多的花朵，才能酿出更甜的蜜"。所以我们既要追求精读，也要努力做到博览群书；我们既要以跳读的方式快速浏览书中的内容，也要追求深入地研究，只有面面俱到，我们在读书的过程中才会有更多的收获。

读书改变命运

老张的家里特别的穷，小时候就因为家庭贫穷，没有上过几天学，文化程度特别低，所以他只能成为一名工人，每天做着最辛苦的工作，却拿着最低的薪水。后来，老张意识到不管自己多么困难，也不能耽误孩子的学习，正因为有了这样的意识，老张才努力培养两个女儿都考上了大学。在老张和妻子的共同努力下，两个女儿一个本科毕业，一个硕士毕业，而且都找到了很好的工作，组建了幸福的家庭。看到女儿终于摆脱了他们曾经的命运，老张和妻子都欣慰极了。

因为大女儿生了孩子没有人照顾，所以老张和妻子就一起到城市里和大女儿一起生活，帮助大女儿照顾孩子。这个时候，大女儿突发奇想，对老张说："爸爸，年轻的时候你想学习没机会，现在呢，你和妈妈一起帮我带孩子，也还算清闲。要不，我就抽时间教你们读书识字吧，这样等到孩子大一点了，你们也可以每天看看书读读报。尤其是孩子上幼儿园之后，你们白天会有更多时间，这样就不用每天都盯着电视看了。读书能够学习很多知识，看报能够获得很多最新的资讯，这可是一举两得的好事情啊！最重要的是，认识字之后，你们就可以上网了，网络上的资讯特别多，比电视有意思多了！"听到女儿的话，老张当即拍手叫好。他兴高采烈地说："好啊，好啊！没想到我供养出来的女儿，居然要当我的老师了！"

女儿不仅自己教爸爸妈妈学习知识，还动员丈夫也当爸爸妈妈的老师。在女儿和丈夫的齐心协力下，老张和妻子在带孩子的几年时间里，居然认识了很多字，看书看报完全没有问题。后来，老张还学习了使用电脑。这个时候，老张突发奇想，居然要写书。原来，他曾经有过一个作家梦，只是因为后来辍学了，所以没有机会让它变成现实。现在，他想把自己这一生的经历都写出来，不管有没有机会出版，就算是对人生的回顾吧，也可以将其作为礼物留给后代。得知老张的想法，全家人都表示大力支持。

老张不断地写啊写啊，用了几年的时间终于完成了一本厚厚的自传。这本书问世之后，女儿和女婿都为这本书做审校工作。后来，他们把这本书投给了出版社，没想到得到了出版社的好评，出版社当即要为他出版呢！这对老张来说真是一个天大的好消息，他从没想过自己作为一个大字不识的工人，现在居然成为真正的作家！从此之后，老张笔不辍耕，又写出来很多优秀的作品。

读书能够改变一个人的命运，这是因为读书对于人的思想和精神都会有很大的影响。在这个故事中，老张之所以从一个大字不识的工人变成了作家，正是因为在女儿和女婿教会他认字、写字之后，他读了很多书，因而萌生了把自己的人生经历写出来的想法。

即使作为老人，在年迈的时候学习读书识字，也能取得如此大的成就。那么作为年轻的女孩，如果能够坚持读书认字，自然会有更神奇的改变。所以女孩切勿觉得自己的人生已经定型了，任何时候，人生都处于发展和变化之中，只要不放弃对人生做出努力，人生就总会给你带来意外的惊喜。

在很多农村的家庭里，父母都认为孩子读书无用，觉得与其花费那么多的时间和金钱供孩子读书，还不如让孩子早早地辍学打工挣钱。其实，这样的想法是完全错误的，也是父母目光短浅的表现。知识不但是力量，还是人生中最宝贵的财富，知识能够改变每一个人的命运。不管什么时候，我们只有借助于知识才能长出翅膀，才能从地上飞到天上，也才能飞到更高更远的地方，俯瞰整个世界。

作为女孩，不管家境如何，都要坚持读书。有些女孩家庭条件不好，想要辍学为家里挣钱，虽然辍学能暂时缓解家里的经济负担，但并不能真正地改变家庭的命运。只有通过读书学习来让自己真正地融入社会生活中，整个家庭的命运才能得以扭转。也有一些女孩仗着家里有钱有势，认为自己不管是否读书，不管是否有出息，都无关紧要。这样的想法更是大错特错，每个人唯一能够依靠的只有自己，要想扭转命运，我们就只能凭着自己的努力前进。

不要觉得书籍只是我们学习的工具，只是学习的载体，其实书籍还是我们最好的朋友。举个简单的例子，我们不能与几千年之前的孔圣人进行交谈，但是我们却可以通过读《论语》了解孔圣人的思想；我们不能够与身在国外的那些伟大的作家面对面地交流，但是通过阅读他们创作的书，我们可以了解他们的思想，了解他们的精神和情感，从而就能够与他们产生共鸣。我们每读一本好书，就像结交了一个好朋友，对于我们的成长和人生都会产生至关重要的影响。

既然书是我们的朋友，我们在选择图书的时候就要更加用心，更加有目的性。中国当代作家余秋雨先生曾经说过，"读书让我们变得健康、健全、可爱，读书让我们变得有智慧、更幸福、更快乐"。所以，女孩一定要以书为伴。人生不管是漫长还是短暂，最好的学习时光只有短短的几年，随着时间的流逝，我们美丽的容颜也许会变得苍老，我们稚嫩的心灵也许会变得成熟甚至沧桑，但是我们读书沉淀下来的气质却只会越来越优雅，我们的人生也会因为知识的积累而变得更加充实厚重。

打开书本，长出翅膀

伟大的天文学家马德利诺从小就特别喜欢幻想，在童年时期，他因为沉迷幻想之中，所以对于读书也产生了浓厚的兴趣。早在3岁的时候，她就可以记住自己所看过的图书内容，到了5岁的时候，她在学习上有了更大的进步，可以计算一百之内的加减法。当其他孩子还在自由自在、无忧无虑地玩耍时，她却已经沉浸在知识的海洋里遨游。她常常利用一些数字进行推算。每当看到马德利诺如此沉迷于学习，父母和身边的人都感到非常惊奇，也深信马德里诺将来一定会学有所成。

5岁之后，马德利诺进入了幼儿园里开始了集体生活。她对于幼儿园的生活并不适应，但是每当学习的时候，她就非常兴奋。她最喜欢老师教他们读书识字了，也最喜欢看幼儿园里各种各样的图书。有一次，妈妈让马德利诺帮忙倒垃圾，马德利诺却拎着垃圾又回来了。原来，她拎着垃圾走到户外，抬起头看着天空中各种奇妙的景象，展开了想象的翅膀，想象着自己就在天空中的云朵上飞翔，想象着自己正在天空之中如同精灵一样跳舞，想象着自己正在跟风儿对话。总而言之，她的想象无穷无尽。

正是想象激发了马德利诺更强的学习欲，她不再满足于看那些简单的书本，而是想要学习更多的知识，探索天空的奥秘。随着对于天空的了解越来越深入，马德利诺的脑海中常常会幻想着天空中的人正在进行怎样的生活，幻想着天空中的一年四季又有怎样的景色。有一次，她兴致勃勃地告诉妈妈："妈妈，我想去天上玩一玩，我想看看天上跟我想的到底是否相同。"听到马德利诺居然如此伟大的梦想，妈妈感到大为惊奇。后来，妈妈大力支持马德利诺学习天文，支持她探索天空，最终马德利诺成为大名鼎鼎的天文学家。

每一个爱学习的孩子都非常热爱阅读，他们也很擅长想象。他们从来不会被现实生活禁锢，他们想要张开想象的翅膀去感受世界的魅力。在这样的情况下，他们自然可以无限地飞翔，自然可以获得更快乐的成长。

很多女孩儿都对天空充满好奇，因为天空中不仅有太阳，有月亮，还有一闪一闪的星星。尤其是当夜幕降临的时候，看到夜色如同一幅深色的水墨画，上面点缀着最亮的星，女孩们便会展开想象的翅膀，神游夜空。

想象力与孩子的求知欲是相辅相成的，想象力越丰富，孩子的求知欲也就越强，反之，孩子越是具有强烈的求知欲，他们的想象力便会发展得越快。所以父母应该保护孩子的想象力，让孩子借助读书的机会，更加自由地进行想象。在这个事例中，马德利诺就是因为从小热爱阅读，所以才对天空产生了强烈的好奇，也才会通过学习快速成长，探索天空的奥秘。

当然，未必每一个女孩都会成为天文学家。作为父母，可以根据孩子的兴趣爱好来激发孩子对阅读的兴趣，激发孩子的求知欲，最重要的是要让孩子养成爱读书的好习惯，这样才能激发孩子的好奇心，同时保护好孩子的想象力。

在女孩看书的过程中，为了培养孩子的兴致，父母还可以引导孩子把在书中所看的内容画出来。如果书本的内容是非常抽象的，那么画出来则是把孩子的想象力变成了具象的呈现，这样孩子会更加深入地思考自己通过阅读在心中呈现的画面，也会更加明确地知道自己想要得到怎样的图像，这对于激发孩子的学习兴趣也是大有裨益的。

学习，是一生的追求

春秋时期，晋国自从国君晋平公登上王位之后国泰民安。晋平公不但是一位贤明的君主，而且非常热爱学习。虽然已经年逾古稀，但他依然觉得自己所知甚少，所以希望能够继续多多读书，增长见识。但是对于他这样年逾古稀的老人，读书学习是一项很大的挑战。想到自己年事已高，晋平公不由得犹豫不决。他不知道自己能否真正地实现学习的目的，所以特意向师旷请教。

晋平公非常器重师旷。师旷虽然双目失明，但是他博学多才，他的心比他的眼睛更加明亮。晋平公真心诚意地请教师旷："我已年迈，但是还想读书。我觉得我这样的想法可能太晚了，你觉得我到底还能不能读书呢？"

听到晋平公的话，师旷反问道："既然太晚了，为什么不点燃蜡烛呢？"听到师旷的话，晋平公感到莫名其妙，因而质问师旷："你这个大臣真是胆大包天，居然敢戏弄我这个君主啊！我可是在真诚地请教你，你不要给我扯东扯西。"听到晋平公的话，师旷不由得笑起来。他说："国君啊，我可不敢戏弄您呀！我是在告诉你，学习是一件什么时候都不会晚的事情。"

晋平公更加疑惑不解了。师旷向晋平公娓娓道来："每个人在年少的时期学习，就像获得了上午的太阳；每个人在壮年的时候学习，就像获得了正午的太阳；每个人到了老年的时候学习，虽然这时候已经夕阳西下，没有太阳，但是还可以点燃蜡烛呀。虽然蜡烛的光是非常微弱的，但是远远胜过在黑暗中摸索。"听到师旷的一番解释，晋平公恍然大悟。于是他充满信心地开始了自己的晚年学习之旅。

晋平公贵为一国之君，已年逾古稀，还要坚持学习，我们更是应该坚持学习。现实生活中，很多女孩一旦意识到自己错过了学习的最佳年龄，就会彻底放弃学习。女孩们不妨想一想师旷所说的话，趁着青春年少学习固然好，在正值壮年的时候学习也算及时，但是哪怕到了老年才开始学习，也是为时不晚的。对于每个人而言，只有通过学习的方式来储备知识，才能快速提升自己的知识水平，也才能真正强大起来。

在美国，摩西奶奶以70多岁的高龄开始学习作画，并且成为一名高产的画家。她的事迹感动了无数人，也让无数人都相信只要开始，任何时候都不算晚。既然如此，我们也应该当机立断地开始学习，不管我们正值青春年少，还是已经如日中天或者是夕阳西下，当我们真正开始学习，我们就会获得更多的回报。

值得我们用尽一生去做的事情并不多，其中学习就是一件最重要的、需要毕生从事的事情。人们常说"活到老，学到老"，这句话告诉我们，只要活着，我们就应该坚持学习，这是由学习的特性所决定的。现代社会中，知识更新换代的速度越来越快，一个人哪怕在大学校园里积极地学习和积累了很多知识，也根本不足以供给自己一生所用。很多知识甚至在极短的时间内就被淘汰了，幸运的是，我们学会了学习的方法，也因此而开阔了眼界，所以我们会以各种各样的方式坚持学习，坚持获取知识。把"活到老，学到老"这句话放到现代社会中解读，我们不是因为活到老才要学到老，而是我们必须学到老，才能坚持活到老。因为一个人如果不能始终坚持学习，就不能更好地生存，这样一来又谈何成功的人生啊！

女孩要想坚持活到老、学到老，就要养成自觉学习的好习惯。很多女孩即使在校园中接受了系统的教育，也不愿意主动学习，更别说在走出校园之后还能继续学习了。其实，从校园中走出去，并不意味着学习告一段落，反而意味着我们开始了新的学习模式，进入了新的学习阶段，那就是自觉主动地学习阶段。

这样的学习和在校园里专心致志地学习模式是完全不同的。在社会上坚持学习，还要兼顾工作，兼顾生活，并且没有任何人监督我们。我们之所以学习，完全是出于自身学习、生存和成长的需要，是这些需要在驱动我们。要想养成自觉学习的好习惯，就必须认识到学习的重要性，也要给自己设定学习的任务，还可以给自己规定完成学习任务的时间。只有在这些细节方面做得更好，我们才能在学习路上走得更远。

女孩必须认识到一个深刻的道理，那就是我们所做的一切努力并不是为了他人，而是为了自己，为了自己能够拥有美好的未来。学习的方式也并不局限于坐在书桌前埋头苦学，而是可以通过各种各样、丰富多彩的方式进行。尤其是现代社会中，只要想学习，总会找到适宜的方式，所以女孩一定要坚持找到适合自己的学习方式，才能持久地学习，不懈地学习。

第五章

有出息的女孩心怀宽容，乖巧懂事惹人爱

有出息的女孩心怀宽容，在与人相处的时候，她们不会斤斤计较，即使被他人有意或者无意地伤害，她们也能够设身处地地为他人着想，原谅他人。有出息的女孩乖巧懂事，她们总是能够理解和体谅他人，因而更加受人欢迎。

这个人好奇怪……
不对，怎么少了一枚戒指！
趁她没看见，赶紧捡走……
先生，我好不容易才找到这份工作，我希望您能够体谅我，把戒指还给我。
你这么勇敢优秀，一定能够把这份工作干好的。

心怀宽容，生活从容

因为受到金融危机的影响，玛丽在大学毕业之后待业了很长时间。她原本想尽快找到工作，这样就可以帮助妈妈养家，也可以帮助妈妈承担起弟弟的学费，但是偏偏事情不如人意，她找了很多工作都没有成功。后来，她好不容易才在一家珠宝店里找到了当售货员的工作。

玛丽非常珍惜这份工作，虽然她住得比较远，但是她每天都早早地出门，赶在同事们到来之前先把柜台打扫干净，也为大家准备好开水。圣诞节的前夜下起了大雪，玛丽比平时更早地出门。她打开店门，铺上防滑地垫，就开始准备擦拭那些金银首饰。正在这个时候，突然进来了一位中年男性顾客，他穿着陈旧的衣服，虽然看起来很干净，但是明显有落魄潦倒之意。玛丽暗暗想道：这位男士一定跟此前的我一样，正处于失业的状态，看来生活非常困窘。这么想着，她还发现男士的脸上明显带着绝望的神情。

玛丽不由得感到紧张起来。这个时候，距离上班还有一段时间，同事们都还没有来，街道上也空无一人，距离店铺最近的报警点，也有好几百米呢，玛丽到底应该如何办呢？正在玛丽感到不安的时候，突然电话铃响了起来。这个时候，玛丽急着接电话，不小心打翻了刚刚拿出来放在柜台上准备擦拭的一盒金戒指，戒指全都咕噜咕噜地滚开了。接完电话，马丽赶紧去地上捡戒指，她捡来捡去，却发现少了一枚戒指。这个时候，那个男子已经走到了门口，正准备推开门离开呢！

玛丽突然想到，那枚戒指一定被男子捡到了。惊慌之余，她喊道："先生，请留步！"听到玛丽的喊声，那位男子停下了脚步，但是他并没有转过身来，就这样用后背对着玛丽。玛丽走过去，男子听见玛丽的脚步声，缓缓地转过身来，看着玛丽。玛丽真诚地看着男子的眼睛，说："先生，您知道找工作非常难，我很小的时候爸爸就去世了，妈妈独自一个人抚养我跟弟弟长大。我好不容易才找到这份工作，我想给她分担负担。我希望您能够体谅我。"

说到这里，玛丽停了下来，那名男子没有做出任何反应，看起来他正在思考。又过了片刻，玛丽感觉自己的心脏紧张得怦怦直跳，仿佛就要跳出来了。正在这时，男子突然对玛丽伸出了手，说："你这么优秀，一定能够把这份工作干好的。"玛丽紧张地伸出手去，她的手心里都是汗。男子和玛丽握手之后就转身离开了，玛丽微笑着目送男子离开，如释重负。等到男子走远了之后，她摊开手，手心上正安静地躺着那枚丢失的戒指。

一个柔弱的女子在金店里独自面对着这样的一位失魂落魄、失意潦倒的男士，无法掌控将会发生什么事情。幸运的是，玛丽的情商非常高，也很宽容，她没有指责这名男子捡起了地上的戒指，试图带着戒指离开，而是诉说了自己的困境。正是玛丽这样真诚的表达打动了男子的心，让男子想到了他自己的境遇，所以男子才愿意把戒指还给玛丽。

有的时候，事情发展的走向就在于我们的一念之差。如果玛丽高声惊呼抓小偷，或者质问男子为何要偷走戒指，那么就很有可能激怒男子，男子不但会带着戒指离开，还有可能因此而伤害玛丽。幸运的是，玛丽内心善良，非常宽容，所以她以这样的方式让男子主动把戒指还给了她。

有时，我们会受到他人有心或者无意的伤害，如果是心思狭隘的人，就会把这份伤害牢记于心；如果是心思宽容的人，则能够放下这份伤害，选择原谅他人。人们常说，与人为善，就是与己为善，我们应该牢记这个道理。只有宽容地对待他人，我们才能得到他人的善待。

总而言之，女孩待人处事多一份宽容，内心就会多一份平和，人生就会多一些幸福快乐。在成长的道路上，我们要对朋友宽容，要对亲人宽容，更要对自己宽容。宽容将会让我们的生活充满阳光，让我们的未来更加美好。

永远别轻视他人

春节回到老家，慧慧当即就去县城买她最喜欢吃的臭豆腐。可能是因为去晚了，到了卖臭豆腐的摊点之后，慧慧才发现臭豆腐马上就要收摊了，只剩下最后一份。这个时候，有个男孩也站在臭豆腐的摊位前，他虽然去得早，却和慧慧不约而同地说："我要一份臭豆腐。"说完，他们互相看了看。

摊主看了看慧慧和那个男孩，说："这个男孩是早来的，给他吧，你明天再来吃，明天记得要早一点来哦！"看到慧慧脸上失望的神情，男孩觉得很不好意思。慧慧则暗暗想道：一个大男人跟我一个小女生抢一份臭豆腐，真是厚脸皮呀！想到这里，慧慧决定留下来，看着这个男孩吃臭豆腐，看他好不好意思把这份臭豆腐吃掉。慧慧站在摊位前等了一会儿，这个时候突然接到了妈妈的电话，原来妈妈催着慧慧回家吃饭呢！慧慧原本想等着看男孩出糗，这个时候只好不甘心地离开了。慧慧才离开臭豆腐摊位没几步，这个时候，男孩突然快步追上来，他端着一份热腾腾、刚刚出锅的臭豆腐，对慧慧说："这份臭豆腐送给你吃吧！我不知道你喜欢吃辣的还是不辣的，所以就让摊主做成中辣的了。看得出来，你有可能很长时间都没吃臭豆腐了，我明天还可以来吃。"

听到男孩的话，慧慧感到非常羞愧。原本，她还想等着看看男孩能不能把臭豆腐吃下去，现在她都已经离开了，男孩却把臭豆腐送来给她，这说明男孩刚才要了这份臭豆腐，就是为了送给她的呀。慧慧感到羞愧不已，满脸通红，她当即向男孩表示推辞，男孩却盛情地请慧慧一定要收下。后来，慧慧还主动留了男孩的电话，和男孩约定好明天早一点过来，要请男孩吃臭豆腐呢！

这是一个多么美好浪漫的故事呀，却险些因为慧慧的小肚鸡肠而变成了一次争吵。如果不是妈妈打电话来让慧慧回家吃饭，慧慧留在原地等着看男孩吃臭豆腐，只怕男孩和慧慧都会感到非常尴尬。虽然慧慧和男孩是陌生人，但是显而易见男孩是一个非常宽容善良的人。

在人际相处的过程中，有时会因为误解了他人，而与他人发生矛盾和争执。有些时候，我们会误解陌生人，这是因为我们对陌生人缺乏了解。大多数情况下，我们会误解那些熟悉的人，是因为我们与他们之间有利益的冲突。在这种情况下，我们不要随意地贬低他人，而是要给予更多的理解和尊重，宽容地对待。

尤其是在发生矛盾和冲突的时候，我们不要总是把别人想得很坏，虽然害人之心不可有，防人之心不可无，但是一味地把别人想得很坏，只能说明我们思想浅薄。如果我们不能怀着友善的心看待一切，反而总是怀着恶意揣测一切，那么我们就会举步维艰。在现实生活中，我们一定要宽容大度地与他人相处，不要总是小肚鸡肠，否则我们就会被他人看轻。在某些特别的情况下，哪怕误解了他人，认为他人对我们怀着恶意，只要没有受到伤害，我们也不要急于报复，说不定他人的举动其实是善意的。

尊重和信任是人际相处的基础，只有以尊重和信任为前提，人与人之间才能建立良好的关系。所以女孩要先尊重和信任他人，才能赢得他人的尊重和信任。例如，在与同学相处的时候，要先从心理上认可和接纳同学，要相信同学是友善的，这样与同学的相处才会更加愉快。否则，如果女孩先入为主，认为同学居心叵测，又怎么能够与同学之间建立良好的关系呢？

需要注意的是，尊重和信任他人固然是相处的前提，却也不能太过轻信他人。尤其是在现代社会中，不管是在现实生活中还是网络世界里，都有很多心怀叵测的陌生人，所以我们应该做好心理防范，保护好自己。总而言之，我们既不要轻视他人，也不要轻信他人，我们既要尊重他人，信任他人，也要保护好自己。只有面面俱到，女孩才能健康快乐地成长。

冤冤相报何时了

一名土耳其的高级军官抓住了一个匈牙利的骑士，把他作为自己的俘虏关押了起来。这名高级军官对待俘虏一点都不和善，他把俘虏和耕牛捆绑在一起，让俘虏和耕牛一起为他耕地种田。而且，他对待俘虏的方式也完全像是在对待耕牛。他拿鞭子抽打耕牛，也用鞭子抽打俘虏，这位匈牙利的骑士本性是非常高贵的，承受这样的痛苦和侮辱让他感到心碎。

骑士的妻子想方设法地营救她的丈夫。她为了凑够赎金，不但卖掉了自己所有的金银首饰，而且卖掉了她和骑士所有的家产，但是依然没有凑够这位土耳其军官索要的巨额赎金。后来，骑士的妻子不得不找亲戚朋友们帮忙募集了很多钱，当她终于凑够赎金，可以让骑士恢复自由的时候，骑士已经因为不堪重负而奄奄一息。

此时，国王下令大家团结起来与敌人作战，骑士接到这个命令之后，当即就变得神勇起来。他在战场上威风凛凛，抓住了那个曾经侮辱他的军官，并且把他带回了自己的家里。这个时候，骑士问那位土耳其军官："你想过你也会有这么一天吗？你想过当你落到我的手里，你会受到怎样的对待吗？"这名军官万念俱灰地说："我知道你一定会报复我的，那么你到底要怎样才能愿意饶恕我呢？"骑士对军官说："的确，我会报复你的，但是我报复你的方式跟你对待我的方式却完全不同。上帝是那么惹人爱，我们不能违背上帝的旨意，我想放你回到你所爱的人身边，我想让你回到你的家人和朋友身边。不过我请求你，如果你以后有机会对待受难的人，一定要更加仁慈宽容，这样上帝会更喜欢你的。"

听到骑士的话，军官嚎啕大哭起来。原来，他为了避免受到骑士的折磨，已经提前服了毒药，只剩下几个小时的生命了。但是，即便作为一个将死之人，他也被骑士的宽容所感动。

现实生活中，很多人都活在仇恨和报复之中，他们想方设法地报复那些曾经伤害过自己的人。他们不愿意宽恕，他们认为唯有报复才能发泄心中的愤恨。然而，正如人们常说的，冤冤相报何时了。如果报复总是像一个皮球一样被双方踢来踢去，那么双方受到的伤害就会变得越来越深重。只有让仇恨消散于无形，宽容才会真正改善人与人之间的关系，才会使人与人之间充满爱与和平。人们常说要以德报怨，虽然我们很难达到这样至高的境界，但是我们至少可以做到不再与他人冤冤相报。

有人曾经说过，宽容是最高贵的复仇方式，因为宽容可以化解仇恨，宽容也可以让我们的敌人彻底醒悟。在这个世界上，没有人的一生从来不会受到任何委屈或者是侮辱，只是这样的委屈和侮辱有大有小，有的是人们可以承受的，有的是人们不能忍受的。如果受到侮辱和伤害，我们不要总是满怀仇恨，不要用仇恨驱散世间所有的爱。只有宽容地对待他人，让他人在与我们相处的过程中获得更多的友爱和善意，我们才能更好地与他人相处，也让这个世界充满友善。

作为女孩，更应该学会宽容，这是因为女孩宽容的不仅是他人，也是自己。曾经有一位名人说过，生气是用他人的错误惩罚自己。当我们始终心怀对他人的仇恨不愿意放下的时候，这种仇恨就会在潜移默化中改变我们的生活。所以我们一定要放下仇恨之心，不要再一心一意地只想着报复。我们活着的意义不在于报复他人，而在于享受幸福快乐，感受心灵的自由与宁静。我们唯有真正地做到这一点，才能够更快乐地成长，才能获得内心的平静祥和。

女孩要想放下报复心理，宽容地对待他人，就要做到以下几点。

首先，女孩要能够设身处地地为他人着想。很多时候，我们之所以仇恨一个人，是因为不理解他人做出的行为，也不理解他人做出的选择。如果我们能够假设自己是对方，假设自己处于他人的境地之中，那么我们对于他人的很多做法和选择就会理解，自然我们的仇恨也会大大减少。

其次，女孩要学会共情。一个人不可能真正做到完全理解他人的感受，共情却让我们最大限度地理解他人，了解他人的苦衷。每个人都是主观动物，每个人在考虑问题的时候都会情不自禁地从主观的角度出发。为了更好地共情，为了更好地互相理解，我们要设身处地地为他人着想，也要对他人感同身受。

再次，要认识到心里有仇恨其实也是在伤害自己。很多时候，我们怀着对他人的仇恨生活，他人对我们的仇恨却浑然无知，最终仇恨伤害的不是他人，却是我们自己。当我们放下仇恨，其实也就是让自己重回自由之中。

最后，不要陷入恶性循环之中。俗话说，"冤冤相报何时了"，以仇恨报复他人，是最糟糕的循环方式。人们总是以报复的方式来伤害他人，又被他人以报复的方式伤害，最终报复就像一个雪球越滚越大，仇恨最终在人的心中膨胀起来，使人的心中再也容纳不下真善美的情感。要想避免这种情况，我们只有以宽容的方式消除仇恨，才能彻底打破恶性循环，建立良性循环；我们也只有以宽容的方式对待他人，才能更友善地对待自己，让自己获得内心平和。

如果说宽恕象征着温柔，那么报复则象征着残暴。女孩们一定要更加温柔，做个宽容的人，而不要加入残暴的队伍之中，做一个不折不扣的复仇者。

慷慨地赞美他人

张婷的丈夫要去国外交换留学一年，所以张婷必须自己带着两个孩子在家里生活。但是，张婷还有工作，并不能完全留在家里照顾孩子，又因为丈夫不在家，所以家里所有的重担都压在她的身上。张婷原本想辞职专门照顾孩子，但是想到丈夫一年之后就会回来，所以她最终决定保住工作，聘用保姆帮忙料理家事，这样她就可以兼顾工作了。

找保姆并不是一件容易的事情，张婷早就听到同小区的妈妈们说，找一个好的保姆就像中大奖一样，太多的保姆都有各种各样的缺点，不是不会打扫卫生，就是做饭味道太差，或者就是太过懒惰，常常偷懒。总而言之，很少有保姆能够让人完全满意。

后来，张婷在他人的介绍下认识了一个保姆，这个保姆是四川人，40多岁，看起来是很精明强干的样子。张婷还找到了这位保姆的前任雇主，询问保姆表现得如何，前任雇主是一个非常苛刻的人，她认为这个保姆除了做菜的味道好一点之外，其他的地方没有什么可取之处。四川人都很擅长做菜，尤其喜欢做麻辣水煮菜，味道非常好。所以张婷对这一点还是很满意的，那么如果这个保姆除了做菜好吃，其他的方面没有太多的可取之处，怎样才能让她做得更好呢？思来想去，张婷决定使用赞美的方法。

保姆上岗第一天，张婷就给保姆戴了一顶高帽子。她对保姆说："马姐，我问了你的上一个雇主，她告诉我你不但做饭好吃，而且干活特别麻利，最重要的是你心眼好，对孩子照顾得特别好。不过，她也说了你有一点点做得不够好，那就是你不太擅长整理家务，所以把家里收拾得没有那么干净整洁。我想，这也是难免的，我有两个孩子，他们总是非常顽皮，有的时候我才刚刚把家里收拾好，孩子又闹得天翻地覆，所以我很理解和体谅收拾家务的难处。我想，你一定也是能把家收拾得很好的，因为我看你穿着干净利落，一看就是个讲究人。不过，要是孩子太调皮捣蛋，你也不要太辛苦，不用反复地收拾，我完全能理解家里凌乱一些，因为就算我自己在家也不可能保持家里始终都非常干净整洁，毕竟孩子老是在捣乱呀！"

张婷把一番话说得头头是道，非常贴心，保姆开心地笑了，对张婷说："妹子，你放心，我一定竭尽所能。既然你信任我，把家和孩子都交给我，我就要对得起你。"当天中午，保姆就给张婷做了美味的水煮肉。做完饭之后，她片刻都没有休息，马上就开始洗刷厨房，打扫房间。看到保姆这么卖力肯干，张婷感到欣慰极了。第二天，张婷放心地去上班了，下班回到家里的时候，她发现两个孩子正在游戏区玩耍呢，家里其他的地方都被收拾得干干净净，十分清爽，张婷由衷地感谢保姆。

是什么让保姆发生了这么大的转变呢？对于前任雇主来说，她一直觉得保姆收拾家务不太好，但是保姆到了张婷家却表现得这么好，这就是因为张婷很善于赞美。张婷的赞美给保姆莫大的动力，让保姆知道自己不能辜负张婷的信任。正如人们常说的，要想改变一个人，就要多多赞美和鼓励他；要想毁掉一个人，要想让一个人做得更糟糕，那么就可以全力以赴地批评他，否定他，打击他。人人都有趋利避害的本能，人人都想获得赞美，而不想被批评和否定。所以在人际沟通的过程中，女孩一定不要吝啬赞美。可以说，赞美是效果最好而又最廉价的一种激励方式。如果能够把赞美的话说到她人的心坎里，那么赞美所起到的效果将会使我们感到非常惊奇。

当然，赞美也是有技巧的，在赞美他人的时候，我们要讲究方式方法，切勿因为不能做到适度赞美或者是不合时宜地赞美他人，而引起他人的反感。具体来说，要想让赞美恰到好处，我们就要做到以下几点。

首先，赞美一定要具体生动。很多人在赞美他人的时候总是泛泛而谈，这样就不能真正打动他人的心。我们的赞美越是详尽细致，就说明我们的赞美是用心的，也就会起到更好的效果。

其次，赞美一定要及时。对于他人做出的一些值得表扬的事情，我们要及时提出表扬，而不要等事情过去了很久，他人已经忘记了自己曾经的举动，我们再去表扬和赞美，这样做的效果是糟糕的。

再次，赞美要因人而异。赞美不同的人，要采取不同的语言，例如，赞美孩子要用非常可爱，赞美女士要用特别美丽，赞美男士要用非常帅气，赞美老人要用精神矍铄，而不能把这些赞美的话颠倒过来。如果我们赞美一位女士非常帅气，那么听起来我们是在讽刺这位女士没有女性特征，和男性非常相像，这样反而会引起女士的反感。

最后，要把握好时机。赞美只要把握最好的时机，就能起到事半功倍的效果，如果恰恰在不好的时机赞美他人，则会起到相反的效果。

扮演好自己的角色

学校里要举行一场新年汇演，作为六年级的学生，小丹在一出舞台剧中扮演公主的角色。她有些胆小，虽然在家里无数次地练习公主的台词，还拉着妈妈配合她进行表演，但是一旦到了学校里，上了那个大舞台，尤其是在聚光灯亮起来的时候，小丹的心里就砰砰打鼓，紧张得一片空白，完全不知道自己应该说些什么。好几次排练，小丹都结结巴巴说不出来台词，这让小丹感到非常尴尬。看到小丹的确不适合舞台，老师又不好直接替换角色，因而对小丹说："小丹，我又补充了一个旁白的角色，因为你普通话特别标准，所以由你来负责旁白吧，好不好？"听到老师这么说，小丹知道老师的意思，也知道老师是为了顾全她的颜面，因而赶紧点了点头。

回到家里，妈妈又要和小丹配合表演公主的角色。小丹沮丧地对妈妈说："不用演了。"她三言两语告诉了妈妈事情的经过，虽然她表现出很无所谓的样子，但是妈妈知道小丹一定因此而心中不快。吃完晚饭，妈妈走到花园里，想要拔掉花园周围长的那些狗尾巴草，小丹看到妈妈的举动，当即阻止妈妈说："妈妈，你为什么要拔掉狗尾巴草呢？"妈妈说："因为花园里只应该有鲜花呀，狗尾巴草又不好看，放在这里只能碍眼。"小丹对妈妈说："狗尾巴草也有狗尾巴草的美呀，我就很喜欢狗尾巴草。它的生命力那么顽强，哪里有一点泥土，它都能落地生根。"听了小丹的话，妈妈笑着说："对呀，小丹，鲜花有鲜花的美丽，狗尾巴草也有狗尾巴草的摇曳生姿。虽然当一个旁白者不能在聚光灯下展示自己，但是对你来说正好可以作为一个过渡，先锻炼锻炼胆量。在幕后，你可以以标准的普通话为同学们讲述故事的情节，等到你的胆量越来越大，相信你还有机会做回公主的。这次，就让我们专心致志地当好旁白者，好不好？"小丹这才明白妈妈的用意，她当即重重地点头，对妈妈说："放心吧，妈妈！我一定扮演好自己的角色！"

在这个世界上，每个人都有自己的角色，有的人天生就出生在聚光灯下，得到万人瞩目，有的人天生就出生在默默无闻的角落里，没有人关注。然而，不管是娇艳的玫瑰，还是田野里的杂草，都有自己存在的价值和意义。每个人最重要的不是羡慕他人，也不是模仿他人，而是要当好自己的角色，让自己在成长的过程中有更出色的表现。

在一个班级里只能有一个班长，所以女孩没有必要因为自己竞选班长落选了而感到沮丧，能够当好一个普通的同学，做到品学兼优，不也是很大的成功吗？在一艘船上，只有一个船长，能够对所有人发号施令，其他人或者是乘客，或者是水手。如果是水手，那就配合船长的工作，如果是乘客，何不借此机会好好地欣赏海面上的风光呢？不管在哪一个位置上，不管扮演着怎样的角色，我们都应该努力做到最好，这才是尽到了自己的本分。

人们常说，没有对比就没有伤害，其实我们要说，没有对比就没有美的存在。红花还需要绿叶来衬托呢，如果人人都争着当红花，没有了绿叶，那么红花的娇艳也就无法凸显出来。只有在绿叶的衬托下，红花才能显得鲜艳夺目。反之，如果一个花园里只有绿叶和小草儿，没有红花，那么也会显得非常单调。在大自然中，万事万物都是和谐共生的，它们遵循着自己生长的规律，所以才能欣欣向荣，枝繁叶茂。

很多女孩也和小丹一样在面对学校或者是班级里的一些机会时，都想成为众人瞩目的对象。但是面对这样的好机会，很多同学都会争夺，只有胜出者才能如愿以偿。在这个事例中，虽然小丹因为自身心理素质不好而失去了这个机会，但是她并未感到很气馁。既然主角是屈指可数的，我们就应该当好配角。当我们做好配角，就会跟主角一样不可或缺。很多电视剧里都分为一号主角、二号主角，能够扮演重要的角色自然风光无限，但是却必须要得到优秀的配角来搭配演出。在很多重要的奖项设置中，都会设置配角奖，这是因为没有配角的衬托，就不能凸显出主角的重要。所以我们要演好人生这场戏，扮演好自己的角色。

尤其是在现代社会中，团队合作越来越重要，很多人只想要英雄主义，认为自己只要凭着一己之力，就能做好很多事情，其实这是完全错误的想法。对于每个人而言，只有真正地做好自己想做的事，只有摆正自己的位置，怀着谦逊的态度，才能成为团队中一颗不可或缺的螺丝钉，整个团队也才能拧成一股绳，发挥出强大的力量。没有大家，哪来的小家，没有团队的成功，就没有我们个人的成就，所以我们与团队的利益是统一的，我们与团队的关系是彼此成就的。

原谅，让他们彻底醒悟

卡耐基是伟大的成功学大师，经常四处演讲。有一次，卡耐基受到了邀请，要参加一场重要的演讲。回到办公室里，他当即安排秘书莫莉为他准备演讲稿。莫莉急急忙忙为卡耐基准备演讲稿，生怕耽误了自己的下班时间。等到她准备好演讲稿，正好到了下班的时间，因而她没有等待卡耐基回到办公室，而是在把演讲好放在了卡耐基的办公桌上之后，就赶紧下班赶赴约会去了。

次日，卡纳基在进行演讲的时候，才讲了几句话，就惹得台下的听众们哄然大笑。他认真查看了演讲稿，发现莫莉给他准备的演讲稿完全错误。无奈之下，卡耐基只好向听众们道歉，然后进行即兴演讲。出乎卡耐基的预料，他即兴演讲的效果非常好，得到了听众们的热烈掌声。

演讲结束后，卡耐基回到办公室。秘书莫莉迫不及待地问："先生，您今天的演讲一定很成功吧！"卡耐基说："当然，我得到了空前热烈的掌声。"莫莉很高兴，因为这至少说明她准备的演讲稿很好。因而她开心地说："祝贺您演讲成功，先生。"看到莫莉那么开心，丝毫也没有意识到自己的错误，卡耐基把演讲的经过原原本本地讲给莫莉听。莫莉得知自己工作上出现了严重的

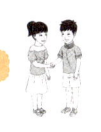

错误，当即向卡耐基道歉，卡耐基却宽容地说："没关系，你正好为我提供了一个机会，让我知道了自己即兴演讲的能力也是很强的。"从此之后，莫莉不管多么急于下班，都会一丝不苟地把工作做好。

在这个事例中，如果卡耐基在发现莫莉犯错，并且让他出糗之后，对莫莉劈头盖脸一顿数落，那么莫莉也许会改正错误，但是对于自己错误的愧疚感却会大大降低。每个人在生活和工作中都会犯各种各样的错误，我们在为他人指出错误的时候一定要讲究方式方法，而不要因为对方犯错了，就对对方声色俱厉。归根结底，我们为他人指出错误的目的是让他人改正错误，既然声色俱厉的批评无法起到预期的效果，我们就要发挥语言的魅力。卡耐基反其道而行，感谢莫莉让他认识到自己即兴演讲的能力，从而让莫莉主动反省自己的错误，也能积极地改正。这么做既能表现出卡耐基的宽容大度，也能让莫莉避免再犯同样的错误，可谓一举两得。

卡耐基不愧为成功学大师，他深谙人的心理，也能够圆满地处理好这件事情，并且最重要的是莫莉能够真正地醒悟和改正错误，避免再次犯同样的错误。

包布·胡佛是著名的试飞员，他的情商也很高，面对他人的错误，他与卡耐基一样选择了宽容。有一次，胡佛进行空中飞行表演。在参加完飞行表演之后，他驾驶飞机飞回洛杉矶，在低空领域，距离地面只有三百米时，飞机出现了险情，两个引擎突然全部熄火。幸好胡佛的飞行经验特别丰富，他在危急情况下操纵飞机成功地降落到陆地上。尽管飞机受损严重，但是飞机上包括胡佛的三个人却平安无事。胡佛怀疑这次事故发生的原因是燃料有问题，所以在降落的第一时间，亲自检查了飞机的燃料。果然，飞机的燃料被装错了，因为燃料耗尽，所以他的飞机险些失事坠毁。

回到机场之后，胡服要求机械师马上来见他。胡佛的机械师非常年轻，这个时候，胡佛虽然还没有为机械师指出错误，但是机械师已经知道自己所犯的严重错误，因此当来到胡佛面前的时候，他特别羞愧，当即向胡佛道歉。他不但造成了飞机严重受损，还差点让三个人因此而丧命，他深知自己这个错误是不可原谅的，因而他请求胡佛给予他惩罚，并且表示他愿意接受任何惩罚。出乎这位机械师的预料，胡佛非但没有责骂他，反而还拥抱了他，对他说："我相信你再也不会犯这样的错误了。为了表示对你的信任，明天，你继续为我保养飞机吧。"胡佛的决定让机械师大为惊讶。第二天，这位机械师非常仔细认真地保养了飞机，保证万无一失，从此之后，他与胡佛合作得非常愉快。

如果换一个机械师，说不定还会再犯一次这样的错误。这个机械师在犯了如此严重的错误之后，胡佛非但没有批评他，反而继续信任他，这使他更为愧疚。正是因为得到了胡佛的宽容和信任，年轻的机械师才能以更为谨慎的态度投入到工作中，保证万无一失。在这样的情况，这个犯了错误的机械师反而成为了最值得信任和重用的机械师，从这件事情中，我们可见胡佛的情商非常高。这是因为他深知与责怪、辱骂相比，宽容和原谅的力量是更为强大的。

很多人在被他人有心或者无心的过失伤害后，都会因此而陷入情绪失控的状态，甚至会在冲动之下口不择言地责骂和侮辱他人。但是，这除了能够帮助我们发泄负面情绪之外，并不利于解决问题。有的时候，我们的情绪失控，还会导致事情变得更糟糕。举个简单的例子，那些不小心伤害了我们的人原本非常愧疚，但是看到我们歇斯底里地辱骂他们，他们就会与我们对骂起来，对我们的愧疚一扫而空。所以明智的女孩应该选择宽容和原谅他人，这才是让他人真心悔改的最好方式。

不管是卡耐基还是胡佛，都是有大智慧的人，他们在被有意无意的过失伤害之后，都选择了宽容地对待他人，这样他人就会更加主动地反省自己。其实，我们在苛责他人之前应该想一想自己是否足够优秀和完美。很多时候，我们自身都不是非常优秀和完美的，又为何要强求别人必须无可挑剔呢？宽容是一种美德，一个人只有宽容他人，才能更加快乐地成长；宽容也是一种优秀的品质，只有具备宽容的品质，我们才能在与他人相处时建立更好的关系；宽容还是一种精神，对于我们的成长将大有裨益。

第六章

有出息的女孩自制自控，娇而不弱好脾气

很多女孩非常娇气，情绪冲动，也常常陷入歇斯底里的状态。有出息的女孩懂得自我控制，她们虽然娇气，但是却从来不会纵容自己乱发脾气，这是因为她们知道冲动行事，发泄负面情绪，并不能真正解决问题，反而会导致问题更加糟糕。所以她们会坚持做到自制自控，这样才能真正成为自身情绪的主宰，也才能驾驭和掌控自己的情绪。

好热！好渴！
虽然我终究要死去，但是我不想这样被动地接受命运的安排。
即使水坑干裂，也是安逸的死，比你折腾着死来得更好呀！
只要我一息尚存，我就要坚持下去。
好凉爽！好舒服啊！

生命不息，折腾不止

非洲旱季来了，曾经水源充沛的河流，在烈日炎炎之下全都变成了坑坑洼洼的小水坑，河床更是严重干裂，干裂的面积还在继续扩大。在遥远的地方，大江的涛声一阵一阵传来。那些在水洼里艰难求生的鱼儿们，只得从水坑里不停地朝着大江的方向跳跃而去。一条大鱼费尽全身的力气才跳到那个不大的水坑里，它仿佛已经精疲力竭了。

这个时候，它发现水坑里有一个小小的居民，那是一条小鱼。它问那条小鱼："还有多远才能到大江？"小鱼在水坑里自由自在地游弋着，气定神闲地说："老兄呀，这里距离大江还远着呢！我建议你还是留在这里吧，否则到不了大江你就会干死的。"大鱼说："但是留在这里我也会干死的。水坑里的水只有这么一点点，太阳再晒一天，水坑就会被晒得干裂的。"听到大鱼的话，小鱼说："即使水坑干裂，被干死，也是安逸的死，也比你折腾着死来得更好呀！就算这里距离大江只有几十米，你也跳不到大江里，所以你还管离大江有多远干嘛呢！"

大鱼对小鱼所说的话不以为然，它坚定地说："就算不能真正地进入大江，我也会为自己拼尽全力而了无遗憾。如果留在这里死去，那我就太对不起自己了。"小鱼在水坑里游弋得自由自在，但是大鱼在水坑里连身体都没有被覆盖住。小鱼对大鱼说："看你的身材这么蠢笨，我觉得你能在这里多活一分钟就是一分钟吧。而且你都这么老了，为什么还那么怕死呢？你又不是一条年轻的鱼，来日方长，所以要搏命跳到大江里，争取多活些日子。"

听到小鱼的话，大鱼的眼神黯淡了，它说："虽然我终究要死去，但是我不想这样被动地接受命运的安排。"说着，大鱼猛地纵身一跃，跳入了下一个水坑。小鱼看到大鱼笨拙的样子，忍不住哈哈大笑起来。大鱼感到腹部很疼痛，它看到自己的肚皮上又掉了几片鱼鳞，而且渗出了很多血迹。它默默地告诉自己："我只能向前，向前，再向前！"

大鱼不断跳入新的水坑，水却越来越少，大鱼很清楚，情况越来越糟糕了。如果它不能尽早到达大江，就会死在这干涸的水坑里。在一路前行的过程中，它看到了很多同行者，只不过它们已经了无生机，甚至被晒成了鱼干。它们之中，有的鱼体型比它大，有的鱼体型比它小，但是它们全都死去了。

在很多水坑里，大鱼还遇到了它的同伴们，这些同伴全都奄奄一息，连喘气都非常困难，因为水变得越来越少了。它们全都和那条小鱼一样劝说大鱼放弃这样徒劳的努力，但是大鱼却说："只要我一息尚存，我就要坚持下去。"最终，大鱼浑身伤痕累累，终于跳到了距离大江最近的那个水洼里。然而，让它感到绝望的是，这个水洼已经干涸了，虽然还没有龟裂，但是里面连一滴水也没有。大鱼奄奄一息地躺在这个干涸的水坑里，暗暗想道："我就算看着大江死去，也是莫大的安慰吧！"正在大鱼感到绝望的时候，一股水流居然沿着龟裂的土地流到了这个水坑里，大鱼感到了一股前所未有的清凉和滋润，它马上振奋起精神来，在水流的帮助下，直接游到了大江里。大鱼高兴极了，它知道只要进入了大江，它就有机会活下去。

如果人生注定要死去，我们为何要这样被动地接受死神的降临呢？我们完全可以采取积极的姿态迎接死神的到来，说不定在迎接死神的过程中，我们还能找到生机，避开死神，与死神擦肩而过呢！故事中的这条大鱼有着顽强不屈的精神，它明知道自己很可能死在路途中，也亲眼看到很多伙伴已经死在了路途中，但是它对所有鱼儿的劝说都不放在心里，一心一意只想着自己的目标，那就是要奔向大江。

人生的不如意有很多，每一个人既然活着，就要与各种各样的不如意做斗争。如果我们稍有懈怠，放弃了自己此前的苦苦挣扎，那么我们所取得的一切

成就就会转瞬之间前功尽弃，所以越是面对艰难的目标，我们越是要坚持不懈地努力前行，越是面对不可超越的挑战，我们越是要竭尽全力地证明自己的能力。我们要向大鱼学习，哪怕明知道前路未卜，也应该以昂扬不屈的斗志把握自己的命运，也应该有着奔流到江的决心和勇气。

古往今来，每一个真正的强者都有着顽强不屈的斗志。正是在斗志的支撑下，他们获得了精神的力量，才能够创造奇迹。作为女孩，也一定要有生命不息，折腾不止的精神。很多女孩对命运逆来顺受，她们认为自己要接受命运的安排，也贪图安逸，想要过一成不变的生活。然而，生活如同逆水行舟，不进则退。如果女孩选择了止步不前，那么很快就会被生活远远地甩在后面，所以女孩应该认识到树立目标的重要性，在追求目标的过程中全力以赴地向前。

在努力拼搏的过程中，不要害怕失败，因为失败也是我们获取进步的一种方式，这远远比无所作为来得更好。哪怕失败了，我们也可以从中汲取经验和教训，反之，如果什么都不做，只是停留在原地，那么实则就是在退步。

女孩还要拥有决心和勇气，不要被字典里的"不可能"吓住，而应该把"不可能"这三个字从字典里抠掉。这样我们就会知道唯有不懈努力，才能创造奇迹；唯有不懈努力，才能获得成功。否则，因为不可能而不相信自己的女孩，就真的不可能做成任何事情。

不要为小事情耿耿于怀

在西藏，艾迪巴是一个非常特别的人，他有一个奇怪的习惯，那就是每当生气的时候，就会围绕着房子和土地跑三圈。因为这个习惯，很多人都对艾迪巴感到疑惑不解，也因此，艾迪巴为很多人所熟知。每当艾迪巴因为生气跑完了三圈，坐在田埂上气喘吁吁的时候，大家都觉得非常好笑，但是他们又不敢询问艾迪巴这么做到底为了什么，就连家里人都从来没有问过艾迪巴。

艾迪巴对待生活非常努力，他每天都日出而作，日落而息，随着他的辛勤劳作，他所积累的财产也越来越多，房子越来越大，土地也越来越辽阔。虽然房子和土地加起来的面积已经扩张了很多，但是艾迪巴对于生气的习惯却从来没有改变。随着时间的流逝，艾迪巴的年纪越来越大了，他已经不能再绕着自己宽敞的房子和辽阔的土地跑三圈了，他只能拄着拐棍，绕着房子和土地慢慢吞吞地走三圈。

有一天，艾迪巴和家人发生了争执，他独自拄着拐杖出门了。他艰难地绕着房子和土地走了三圈，用了整整一个下午的时间。他是中午时分出门的，等到他走完三圈以后，已经到了傍晚。他坐在田埂上艰难地喘气，这个时候，小孙子出来找他回家。看到艾迪巴辛苦的样子，孙子问道："爷爷，您都这么老了，您还有这么大的房子和这么多的土地，您是附近最富有的人，为什么还要绕着土地和房子跑三圈呢？"

听到小孙子的话，艾迪巴笑了起来，说："爷爷现在可不是跑三圈了，爷爷是慢慢吞吞地走三圈了。那么，我到底为什么要绕着房子和土地走三圈呢？是因为我年轻的时候很穷，我的房子那么小，我的土地那么少，我绕着房子和土地走一圈只需要几分钟，所以我一边走一边想我什么都没有，凭什么跟人斗气，我跟人斗气又有什么好处呢？我与其花费时间跟人家斗气，还不如赶紧去干活儿呢，这样我还能让我的房子大一点，土地多一点。"

小孙子恍然大悟，说道："原来如此，大家都不知道您为什么要这么做，现在我可是知道这个秘密了。原来，您是在用这样的方式激励自己啊！但是，"孙子继续问道："爷爷，您现在已经这么富有了，为什么还要这么做呢？您已经不需要用这种方式激励自己了呀！"艾迪巴说："的确，我现在已经这么富有了，我不应该再因为一些小事情斤斤计较，与他人生气了。我在围绕着房子和土地走三圈的过程中，就想明白了这个道理，所以气就消了。"孙子开心地蹦跳起来，说："要不这样吧，爷爷，以后我生气的时候也这么做。

我如果坚持这么做，一定也能像您这样长命百岁吧！"

在这个世界上，很多人因为一些毫无意义的小事，就与他人争执、生气，却忽略了这样做付出了什么代价。一则生气会影响我们的心情，导致我们情绪波动；二则生气还会伤害我们的身体，使我们不能健康地生活。对于生气这件事情，我们也可以向艾迪巴学习，学会为自己的情绪找一个宣泄口，不再为小事而耿耿于怀。这样不但能够节省时间去做更多有意义的事情，也有利于我们的身心健康。

正如一位名人所说的，生气是用别人的错误惩罚自己。很多女孩都有小脾气，特别喜欢生气，有的时候对于一件事情，别人觉得无所谓，女孩却已经开始生气了。作为有出息的女孩，一定要学会权衡利弊，与其把宝贵的人生用于生气，还不如把时间和精力都用于做自己喜欢的事情呢。尤其是在与他人相处的时候，更不要因为与他人斤斤计较就生闷气。如果我们生的是闷气，别人根本不知道我们为何生气，我们却把自己气得肚子鼓鼓，这就更加得不偿失了。

古人云，生气伤肝。生气对于肝脏的健康是非常不好的，还会伤肺，也会引发甲亢，或者是导致心脏疾病、消化系统疾病等。对于很多爱美的女孩来说，一定要知道的是，生气还会导致色素沉着，产生色斑。这是因为生气会使头部有太多的血液，使得色斑问题变得越来越严重。所以不管是为了身体健康，还是为了让自己变得更美丽，女孩都要保持宽容平和的心态，这样才能和颜悦色，心情平和。

爱生气的人总会找到各种各样的原因，例如，说话的时候说者无心，听者有意，别人一句无心之话，心思狭隘的人就记在心里。再如，走在路上不小心被一辆路过的汽车溅了一身水，为此而懊恼了一整天，不但衣服脏了，而且还带着情绪工作，导致在工作过程中出现各种各样的失误。再如，在和同事之间有利益之争的时候，被同事占了上风，自己吃了亏，这些事情都会使女孩忿忿不平。实际上在生命面前，这些小小的争执都是不值一提的，如果面临生死关头，我们就会发现这些事情毫无意义。既然如此，我们为何不能及早地明白这一点呢？当我们明白了这个道理，就不会再为小事而耿耿于怀，也不再为小事而气大伤身。

也有一些女孩自以为自制力很强，能够在生气的时候控制住情绪，避免做出冲动的举动。其实，我们最终的目标不是压抑那些愤怒的情绪，而是要避免负面情绪的产生。如果我们因为这些情绪而产生各种各样的问题，那么我们再面对这些情绪就依然会影响我们的身心健康，拥有宽容的心胸，不为这些事情而斤斤计较，那么我们就能从根源上避免怒气产生，这是更为理想的结果。

坚强，让生命了无遗憾

乔尼曾经是美国跳水运动员，因为一次意外，他非但失去了大好前程，还全身瘫痪，从此之后只能躺在病床上度过下半生。看到乔尼灰心丧气的样子，亲人和朋友都劝说他一定要振作精神，但他总是抱怨命运对他不公平，总是抱怨他的未来再也没有希望。他心有不甘，想不清楚那次意外事故中跳板为什么会滑，他为什么会意外地滑倒。在从医院康复回家之后，他让家人推着他去跳水池旁，看着那熟悉的跳板，看着那蔚蓝的泳池，看着那洁白的云彩和湛蓝的天空，他忍不住嚎啕大哭起来。

原本他是可以获得跳水冠军的，原本他不但可以为自己赢得很多荣誉，也可以为国家争光，但是现在一切都结束了，他感受到深深的绝望，想要结束自己的生命。但是，最终他拒绝了死神的呼唤，决定要找到一种适合自己的方式继续坚强地活着。

在经历了各种情绪的煎熬之后，他终于想明白了一个道理：他虽然残疾了，但是有很多人跟他一样，他们却依然有着伟大的志向，甚至做出了了不起的成就。例如，科学家霍金，全身只剩下一根手指能动，却在科学的道路上执着地前行，最终到达了科学的巅峰。再如海伦因为一场猩红热而盲聋哑，却不但完成了学业，还创作了《假如给我三天光明》的佳作，成为了全世界很多年轻人的人生导师。我为什么就不能够做到像他们一样呢？想到这里，他拿起了画笔，开始圆自己中学时期的画家梦。原来，在读中学时，乔尼很想成为一名画家，后来他被发现在运动方面具有独特的天赋，所以才走上了跳水之路。看到乔尼用嘴咬着画笔画画的样子非常辛苦，家人纷纷阻止他，并且保证一定会负责养活他。但是乔尼没有放弃，他每天都刻苦地画画，有的时候实在太累太辛苦了，他还会忍不住哭泣，因而弄湿了画纸。最终，他获得了成功，他的画作在画展上展出之后，在美术界引起了巨大的反响。看到自己在绘画上终于有所成就，乔尼又做起了文学梦。

如果说乔尼在初中的时候还有一些绘画的基本功，那么对于文学，乔尼则完全是个门外汉。所以和成为画家相比，乔尼要想成为作家，要走过更为漫长和艰难的道路。但他从未放弃，经过若干年的努力之后，乔尼的自传终于出版了。后来，他成为了和海伦一样的无数热血青年的励志榜样。

对于一个全身瘫痪的人而言，他能够控制的也许只剩下自己的大脑了，所以他有权利继续坚持自己对人生的追求。他先是成为了画家，后来又成为了作家，乔尼以切身的经历告诉我们，一个人是可以做到身残志坚的。正是凭着这股决心和勇气，乔尼才能成就自己的伟大人生。

面对人生中很多重大的打击，有些人选择一蹶不振，不敢面对，有些人却勇敢坚强，因为他们坚信自己一定能够熬过痛苦的时刻，也坚信命运的打击不是要毁灭他们，而是要让他们进入人生中的崭新阶段。当熬过了那些痛楚，我们就会发现那些痛苦变成了生命最宝贵的回忆，正因为如此，人们才说苦难是人生最好的学校。一个没有经历苦难的人，他的人生固然充满了甜蜜，却轻飘飘的；一个人经历了苦难的磨砺和捶打，他的人生固然很沉重很痛苦，但却是有分量的。所以我们应该在喜悦之中抓住成功的一切机会，也在坚持之中看到成功的所有可能。

在苦难的磨砺下，我们能够战胜自己内心的软弱；我们能够战胜客观存在的一切困难；我们能够让生命更加圆满，没有遗憾。虽然每一次苦难都使我们坚信自己既面临着很多机遇，也面对着人生的太多不如意，但是在战胜苦难之后，我们就会感受到来自自身的强大力量，也会相信自己一定能够凭着努力创造奇迹。

忍辱负重，才能成大事

曾经，韩信是一个游手好闲的浪荡青年。他从小就失去了父母，生活没有依靠，但是他却不愿意踏踏实实地为生计奔波，每天都在集市上晃来晃去，身上还佩带着宝剑。集市上有很多人都看韩信不顺眼，因为看上去人高马大的韩信居然要靠着一个洗衣婆婆的救济生存。

有一天，有个早就对韩信看不入眼的屠夫，看到韩信佩戴着宝剑在集市上走来走去，因而故意挑衅韩信，指着韩信的鼻子叫嚣："今天，你要么从我的胯下爬过去，要么用你的宝剑把我杀死。"听到屠夫的话，韩信怒火中烧，他手握剑柄，恨不得当即把宝剑拔出来刺死这个屠夫。然而，屠夫身后还有很多同伴呢，韩信转念一想：我如果杀了这个屠夫，自己也得抵命，我何必为了一个屠夫失去自己的性命呢！想到这里，他跪下，从屠夫的胯下爬了过去。后来，韩信再也没有游手好闲过，他发奋读书，努力用功，跟随刘邦建功立业。

当韩信衣锦还乡的时候，大家都以为他会去找那个屠夫报当年的胯下之辱，结果韩信非但没有找屠夫报仇，反而赐给屠夫以官爵，并且赏赐给屠夫很多的财宝。就这样，屠夫成了韩信最忠诚的勇士，每当韩信遇到危险时，他宁愿付出自己宝贵的生命，也要保韩信的周全。

对于一个冲动的人而言，如果面临韩信这样的选择题，也许会当时就脑门子一热，拔出宝剑杀了屠夫。但是对于韩信而言，这样的事情确实是得不偿失的。他经过理智的思考，宁愿承受胯下之辱，也不愿意为此而杀人性命，搭上自己的性命。正是因为能够忍辱负重，韩信后来才能飞黄腾达，跟随刘邦建功立业，青史留名。

所谓忍辱负重，并不是苟且偷生。忍辱负重，指的是忍受暂时的屈辱，最终做出伟大的成就，忍辱负重指的是我们要控制好自己的情绪，要有长远的目光，要以博大的胸怀看待问题，解决问题，而不要斤斤计较，或者因为一时的冲动就做出失去理智的举动。忍辱负重与软弱可欺、苟且偷生是截然不同的。

古人云，"大肚能容，容天下难容之事，笑口常开，笑天下可笑之人"。这句话告诉我们，一个人只有具有宽容博大的胸怀，才能保持乐观的心态，远离烦恼忧愁。在这里，我们也可以用这句话形容一个人能够承受普通人所不能承受的屈辱，从而做成普通人所做不成的伟大事业。忍辱负重是要以大局为重，而不是计较一时一刻的得失。

作为女孩，一定要明确一点，那就是古往今来，每一个能够成就大事的人都能够做到自制，这是因为他们有远大的目标，也有更高远的志向，不会因为眼前的一些事情就打破了自己的宏伟计划。也有一些人因为缺乏自制，失去了很多好机会，甚至葬送了自己的前途，这是应该引以为戒的。

在面对生活中很多小小的磨难时，女孩固然不需要忍辱负重，却也要学会控制自己，学会掌控自己的情绪。自控的女孩充满了自信，自控的女孩能够赢得他人的信任。尤其是在如今的信用社会中，自控的人更值得他人尊重和托付。一个人如果动辄火爆脾气，冲动行事，那么没有人愿意与他合作，更没有人敢于把那些重要艰巨的任务托付给他。

女孩要想有出息，就一定要保持自制。在面对生活的不如意时，能够继续努力，不达目的决不罢休，这是一种自制；在面对他人的挑衅时，能够控制好自己的情绪，决不轻易陷入歇斯底里的状态，这是一种自制；面对生活的坎坷境遇，绝不满腹牢骚，而是想到自己虽然正处于艰难的处境，但是只要努力坚持下去，就能够熬过困境，这是一种自制；在自己感到疲惫，想要放松和休息的时候，告诉自己只有坚持到底才能获得胜利，这也是一种自制。

自制的女孩具有强大的内心，也拥有强大的力量。自制的女孩在面对屈辱的时候，更有宽容的胸怀去承受一切。所以自制的女孩是更容易成就大事的，在面对生活中的各种不如意时，她们不会计较一时一事的得失，而是始终牢记自己的伟大目标，为了实现目标而愿意忍受一时的屈辱，也为了实现目标而坚持做好自己该做的事情。

自律的女孩与众不同

南宋末年，从小天资聪颖的许衡，在当地颇有名气。他有超强的自律力，小小年纪的他从来不会放纵自己做违规出格的事情。

有一天，天气特别炎热，许衡急急忙忙地赶路。太阳就像个大火球一样挂在正当顶，大地被烤得冒着蒸腾的热气。因为着急，许衡一直在汗流浃背地赶路，很快他就觉得口舌冒烟了。他很想找到树荫歇歇脚，也想找到一处山泉痛痛快快地喝水。他走啊走啊，终于来到一棵大树下。这个时候，大树下已经有几个路人正在乘凉了。那些路人和许衡一样又渴又热，但是这附近并没有泉眼，所以他们没有一滴水可以喝。

正当大家全都热得嗓子冒烟时，有一个人抱着一大堆梨从远处跑来了。他跑到树荫底下，就开始大快朵颐。他告诉大家："这附近虽然没有水源，但是前面有个果园，里面结了很多梨子。吃梨子就像喝水一样解渴，这个梨子特别鲜甜。"听到这个人的话，大家纷纷起身跑向前方，都想去果园里摘梨子吃，但是许衡却纹丝不动。有个人纳闷地问许衡："年轻人，难道你不渴吗？赶紧去摘梨子吃吧。"许衡却依然不为所动。那个人纳闷地问："你难道一点都不渴吗？"这个时候，许衡说："你们知道那片里果园一定是有主人的，你们经过主人的同意了吗？"

被许衡质问，大家议论纷纷："果园肯定是有主人的，但是这么热的天气，我们再不喝水都会被渴死。就算果园的主人在，也一定会同意我们摘几个梨子吃的。"许衡对此却不敢苟同，他说："虽然果园的主人此刻不在果园里，但是我们的心中却是有主人的。我们不能不经过主人的同意就去摘梨子吃，否则我们心中的主人是不会允许的。"大家对于许衡的话一笑置之，他们都说许衡是个书呆子。很快，大家都摘了梨子回来，坐在树荫下吃个痛快，许衡却一个人独自上路了，忍着饥渴继续前行。

许衡不吃无主之梨，正是因为许衡这样坚持自律，所以他不管是对待学习，还是对待做人做事的品质，都同样坚持底线，绝不放弃原则。在自律之下，他一直努力用功地学习，最终成了大名鼎鼎的学者，大有所成。

一个人在某个方面的行为表现并不仅仅代表他在这个方面的选择，也代表了他的为人秉性。在这个故事中，许衡面对无主之梨，宁愿忍受饥渴也绝不摘梨子吃，就表现出了他自律的原则。他既然有这么强的自律性，能够战胜身体上的需求，那么他一定也会以超强的自律性，让自己在学习上始终保持最好的状态。

人的本性就是趋利避害，很多时候遵循本能做事情，我们会对自己做出妥协，但是当我们一次又一次地战胜自己的本能，克制自己的冲动时，我们就会变得越来越强大。古往今来，很多伟大的人之所以成就了了不起的事业，就是因为他们懂得自律，懂得克制。

作为女孩，也要学习许衡的精神，要像许衡一样在生活、学习和道德等方面都保持严格的自律。尤其是在现代社会中，很多人心态浮躁，为了达到目标不择手段，也为了实现自己的目标就采取各种卑劣的竞争手段。女孩要出淤泥而不染，濯清涟而不妖，要坚持自己做人做事的原则和底线，从而成就自我。

自律的女孩在某些时刻看起来也许会和许衡一样冒着傻气，但是她们的内心却是正直而又善良的。尤其是在很多危急的时刻，她们是能够担当大任的，是值得信任和被委以重任的。

具体来说，女孩要如何做到自律呢？

首先，女孩要以高标准严格要求自己。很多人都是宽于待己，严以律人，其实这完全颠倒。我们应该严于律己，宽以待人，正是因为对待自己严格，我们才能坚持做好应该做到的事情，对待他人宽容，我们才能对他人表现出真诚与善意。

其次，不要轻易放弃自己的原则和底线。作为原则和底线，就是我们必须坚持的东西，如果我们轻易放弃了，那么我们就会在成长的过程中迷失自己。如果我们能够坚持原则和底线，那么我们不管何时都会坚持走好自己的人生道路，也会获得更好的成长。

再次，不要盲目从众。在这个事例中，许衡看到其他人都去摘梨子了，却并没有跟其他人一样。俗话说，"法不责众"，尽管如此，我们也不能因为大家都去做一件错事，就盲目跟风。我们要有自己的坚持，要有自己做人做事的准则。

最后，要战胜自己的欲望。欲望总是驱使着我们去做出各种各样的事情，如果我们不能战胜欲望，而是顺从欲望，那么很多事情就会变得更加糟糕。我们要战胜自己的欲望，要知道欲望是无底的深渊，这样才能在战胜欲望的过程中让自己变得强大起来。

远离坏脾气

有个男孩脾气特别坏，每天都会数次大发脾气。面对这种情况，爸爸感到非常担心，所以就想到了一个办法。有一天下班回家的时候，爸爸拿了一个锤子和一口袋钉子。他对男孩说:"你的房间里有一个松木衣柜,以后你每发脾气一次,就在松木衣柜上钉一个钉子。"听到爸爸这么说,男孩说:"我的松木衣柜很漂亮,钉上钉子就不漂亮了。"

爸爸说:"是否钉钉子是由你自己决定的。如果你能够控制好情绪,不乱发脾气,你就不用在衣柜上钉钉子。"听到爸爸的话,男孩哑口无言,只好照爸爸的话去做。让男孩感到万分惊讶的是,他第一天就在衣柜上钉了20多颗钉子。在此之前,他从未想到自己居然每天会发脾气这么多次。看着触目惊心的20多个钉子,男孩羞愧极了。

随着时间的流逝,男孩在衣柜上钉的钉子越来越少。一年多过去,他终于能够做到接连几天也不生气了。这一天,爸爸对男孩说:"以后,你要有一天不生气,你就拔掉一颗钉子。"钉子钉上去虽然容易,但是想要拔掉可不容易。用了两年多的时间,男孩才拔掉了所有的钉子。此时距离爸爸给男孩锤子和钉子已经过去了三年多,爸爸语重心长地对男孩说:"看看吧。现在你已经长大了,也能控制自己的脾气了,但是你的衣柜却已经千疮百孔了。有的时候。我们顺着自己的情绪大发脾气,却没有想到当我们发脾气结束之后,却在他人心中留下了难以抹平的伤痕。所以我们应该学会控制自己的情绪,这样才不会让自己成为一个情绪炸弹。"

听到爸爸的话,男孩羞愧地低下了头,他郑重其事地向爸爸保证:"爸爸,我以后一定尽量少发脾气。"后来,男孩的控制力越来越强,再也不会让坏脾气来侵扰自己了。

很多孩子都有情绪冲动的表现,尤其是对于青春期的孩子来说,他们的情绪特别容易波动。在这种情况下,一味地指责和抱怨他们并不能解决问题。在这个事例中,爸爸的做法是非常有效的。当然,也可以采取其他方式提醒男孩和女孩控制情绪,最终的目的就是让男孩和女孩远离坏脾气,这才是最重要的。

坏脾气不但会伤害他人,也会伤害我们自己。曾经有心理学家经过研究发现，人在愤怒的情况下，身体会发生很多微妙的变化，这些变化会对身体造成极大的伤害。要想成为一个强大的人，我们就要学会控制自己的情绪，这样我们既能够拥有健康的身体，也能够成为自己的主宰。否则，如果我们总是被情绪驱使和控制，那么我们就会失去自制力。在人生的道路上，自制力起到了至关重要的作用。如果没有自制力，我们就会变得歇斯底里，对于各种事情都会失去掌控的能力。只有拥有自制力，我们才能主宰自己，才能掌控世界。

也许有些女孩不理解：我们为什么不能够随意地表达自己的情绪呢？其实在这个世界上，每个人都会受到约束和控制，绝对的自由是不存在的。正是因为有了约束和控制，我们的自由才显得弥足珍贵，我们的成长才更加健康。

很多经验丰富的老司机总是说，遇到红绿灯的时候宁停三分不抢一秒，那么为了控制坏脾气，女孩也应该记住一个原则，那就是一定要按下情绪的暂停键。如果情绪正处于巅峰状态，我们却任由其爆发，那么就会做出很多冲动的举动。等到情绪平复下来之后，我们一定会感到懊悔万分。反之，如果我们能够在情绪到达巅峰状态时停顿几分钟，让自己恢复冷静，我们的很多想法就会发生很大的改变。这是因为情绪的洪峰过境其实是非常快的，越是激烈的情绪，越是会在到达顶点之后以抛物线的形式下降。在这样的情况下，适时地停顿几分钟，会让我们的情绪更加舒缓。

也有一些女孩为自己人缘不好而感到烦恼，其实脾气的好坏对于女孩的人缘是有很大影响的。人人都愿意跟性情温和的女孩相处，而不愿意跟脾气暴躁的女孩相处。女孩要学会控制自己的情绪，让自己性情变得温和，遇到问题的时候要理性地解决，不要冲动。

第七章

有出息的女孩自信努力，以勤奋富足一生

俗话说，靠山山会跑，靠树树会倒。作为女孩一定要自信努力，要勤奋刻苦，这样才能为自己创造更好的条件，也才能让自己拥有充实精彩的人生。长久地依靠他人，是不现实的，父母会老去，我们所爱的人也未必会始终陪伴在我们身边，所以女孩唯一可以依靠的只有自己。

下水好可怕……
下来一起游泳啊！
浩浩，你要是战胜了自己，你就能学会游泳了。
你可以试一试，我负责在旁边保护你！
我一定要战胜自己心中的恐惧！
加油！你真棒！
哈哈哈！我也敢下水游泳啦！

自己才是我们最大的敌人

一直以来，浩浩都特别害怕水，这也许与她小时候有过溺水的经历有关系。但是她已经长大了，身边有很多朋友、同学都特别喜欢在水里玩。尤其是在炎热的夏季里，他们会相约着一起去游泳。每当这时候，浩浩只能坐在游泳池的边沿晒着太阳，看着其他人在水中快乐地嬉戏。她不好意思告诉大家，她之所以害怕游泳，是因为恐惧，所以她常常找各种各样的借口推辞下水，例如，她说自己怕晒黑，她说自己皮肤过敏。渐渐地，同学们和朋友们都知道了浩浩怕水这个事实。

在一个炎热的午后，大家都在水中玩耍，他们就像一条条欢快的鱼在水中嬉戏着。浩浩只能躲在遮阳伞下，看着所有人快乐得仿佛要起飞。我不会游泳，又该怎么办呢？浩浩尽管很羡慕朋友们，却对自己无计可施。这个时候，有个男孩走到浩浩身边，对浩浩说："浩浩，你要是战胜了自己，你就能学会游泳了。"

听到男孩的话，浩浩心中猛然一动。她看着男孩的眼睛，男孩也以鼓励的眼神看着她，说："即使你在水里一动也不动，你也不会沉下去的。"听到男孩的话，浩浩感到难以置信，男孩说："如果你不信，我负责在旁边保护你，你可以试一试，你只要迈出这一步，就能和我们一样在水里高兴地玩耍，挡住你的不是其他任何东西，而是你自己心中的恐惧。"男孩一语中的，浩浩知道自己无处可退，她不想再心虚地解释她怕晒黑或者皮肤过敏了。

在男孩的鼓励下，他们一起走进了游泳池的浅水区，随着不断尝试，她心中的恐惧越来越少。最终，浩浩走到了深水区里，在男孩的保护下开始学习游泳。她很快就学会了游泳，虽然她游得还不够好，但是她已经不再恐惧水了，她终于可以在水里和朋友们一起玩了。

正如曾经有一位名人所说的，真正让人恐惧的东西是恐惧本身，是恐惧的情绪阻挡了我们勇敢地尝试。很多事情是恐惧的心理让我们畏惧，使我们故步自封。只要我们能够满怀自信，勇敢地迈出第一步，走向成功，我们就可以真正地消除恐惧。在这个事例中，浩浩正是在男孩的鼓励下消除了恐惧，勇敢地迈出了第一步，才真正地打破了自己对自己的限制和禁锢。

为了战胜自己这个最大的敌人，我们一定要对恐惧有足够的认识。很多心理学家都致力于研究人的心理问题，有一位心理学家在进行了长期的跟踪调查后发现，很多人心怀恐惧，对于很多事情都怀有悲观的态度，甚至会因此而患上各种各样的身心疾病，使身心状况急剧恶化。反之，如果一个人始终积极乐观，面对很多事情都非常投入，也无所畏惧，那么他们就会更加勇敢，更加坚定。

关于恐惧的极端作用，我们不妨举一个例子来进行说明。有一家冷冻厂里有很多巨大的冰柜。有一天，一个工人进入一个冰柜里找东西，因为他没有及时找到东西，所以在冷柜里耽误了很长时间。等到他想要出冷柜时，才发现冷柜被下班的工友们从外面锁住了。他歇斯底里地大叫起来，但是工友们都已经回家了，又因为冷柜的密封性很好，所以根本不可能有人听到他的声音。他恐惧极了，如同疯了一般猛烈地敲击着冰柜的门，撕心裂肺地喊叫着。但是，最终他颓废沮丧地坐在冷柜的地上。他越来越害怕，他知道在超低温的冷柜里，他很快就会被冻僵。他也很清楚冷柜的温度在零下二十六度，如果他在冷柜里冻一夜，连血液都会结冰的。在这样极度恐惧的状态下，他很快就失去了意识。

第二天早晨，工友们都来上班了。第一个打开了冷柜门的工友发现了这个工人的尸体。人们马上对工人进行救治，遗憾的是，工人已经死去了。更让人惊讶的是，这个冷柜当天是处于保鲜状态，也就是说冷柜里的温度只有两度。

虽然这个温度也很低,但不至于把工人冻死。虽然,这个工人死亡的迹象表明,他的确是因为低温冻死的。那么,这个工人到底是为何死亡的呢?

其实,这个工人不是因为冰柜的超低温而死,而是因为他心中的冰点而死的。他被自己心中的恐惧冻死了。如果他不那么恐惧,他就会感受到冷柜的温度并没有他想象的那么低,不足以使他冻死。所以他连试都没有尝试活下来,就在恐惧的逼迫下无奈地接受了死亡,不得不说,他死于自己内心深处的恐惧。

不管身处怎样的绝境,不到最后一刻,我们绝不能轻易放弃,这是因为我们只有坚持,只有相信自己,才能创造奇迹。那些轻易放弃的人,都是真正软弱怯懦的人,他们注定与成功绝缘。我们只有相信自己,勇敢地面对自己,才能真正地获得各种机会,创造生命的奇迹。

提灯女神的故事

南丁格尔从小就特别有爱心。小时候,她看到家里的布娃娃破了,就会拿起针线来给布娃娃缝补。虽然她还小,不能把布娃娃缝得非常整齐,但是她非常认真细致,似乎她正在做的是全世界最重要的事情。为了让布娃娃不再疼痛,她在为布娃娃缝好伤口之后,还会拿出药膏涂抹在布娃娃的伤口上,仿佛她这样做了之后,布娃娃就能好起来。有的时候,看到布娃娃孤独地躺在那里,她还会抱着布娃娃轻轻摇晃,或者给布娃娃盖好被子,哄布娃娃香香甜甜地睡一觉。看到女儿的这些举动,妈妈总是感到非常有趣,她觉得女儿很像一个小护士,而且是一个非常优秀的小护士。然而,妈妈却并不想让南丁格尔当护士,因为在当时的英国社会,大多数人都认为护理工作既脏又卑微。可是让妈妈没有想到的是,南丁格尔恰恰成为了一名护士,而且她还被全世界誉为"白衣天使"。

在真正成为护士之后，南丁格尔对待工作兢兢业业。尤其是在战争期间，她更是率领护士们奔赴前线，在前线夜以继日、不眠不休地照顾伤员。在她和护士们精心的照顾下，伤员们恢复得很快。因为南丁格尔每天晚上都会提着灯去病房里查看伤员的伤情，所以伤员们都亲切地称呼她为提灯女神。后来，南丁格尔还创立了世界上第一所护士学校，这所护士学校为全世界培养出了很多优秀的护士人才。因为南丁格尔在推动现代护理教育的发展方面做出了杰出的贡献，所以被尊称为现代护理教育的奠基人。

南丁格尔是一个有理想的人，为了实现自己的理想，她付出了很多努力，也做出了很大牺牲。作为女孩，我们要向南丁格尔学习，坚持自己的信念和理想，哪怕外界有很多干扰，给予我们很多阻力，我们也绝不动摇。

也许有些女孩会认为，我们怎么能够跟南丁格尔相比呢？其实，南丁格尔并非生来就很伟大，她出生的时候只是一个很普通的女孩，她之所以变得不同凡响，成为杰出的女性，是因为她从小就有伟大的志向，而且她为了实现梦想不惜排除万难。换一个角度来说，南丁格尔所从事的护理工作并非有多么崇高的意义，但是她却坚持把这份工作做到最好。她在平凡之中创造了伟大，在平凡之中成就了不平凡。

要想成为和南丁格尔一样的人，女孩们就要做到以下几点。

首先，女孩要确立自己的理想。确立理想之后，女孩才有努力的方向。如果没有理想，人生就像失去引航灯，就像在漫无边际的大海上航行，是很容易迷失方向的。

其次，要有排除万难的决心和勇气。不管做什么事情，我们都不可能一蹴而就获得成功，那么我们就要面对那些可以预期或者不期而至的困难，做到全力以赴，否则我们就会被困难吓倒，也会在困难面前败下阵来。

再次，我们要有牺牲和奉献的精神。很多事情都需要我们做出牺牲和奉献，这是因为只有作出牺牲和奉献，我们才能够创造精彩的未来。如果没有精彩的未来，我们的人生又有什么意义呢？

最后，不要轻易受到他人影响。女孩一定要有主见，如果在确定自己的梦想之后，听到他人说了反对的话，我们马上就改变，那么我们就会迷失自我，也会在不停的改变之中失去成功的契机。我们固然要从谏如流，却也要坚持己见。

走自己的路，让别人说去吧

罗丽莎是诺贝尔生理学及医学奖的获得者，她之所以能够获得如此伟大的成就，与她的倔强和坚持初心是密不可分的。在她小时候，罗丽莎就表现出很强的自主意识。那个时候，罗丽莎大概三岁，长着满头黑色的头发，看起来非常可爱。有一天，妈妈带着罗丽莎出门办事情。办完事情之后，妈妈想带着罗丽莎原路返回，但是罗丽莎却坚持要走一条新的路回去。妈妈对于新路很抵触，认为走新路不但绕远，而且路况不好，但是无论她怎么哄，罗丽莎都不愿意原路返回。

在罗丽莎的坚持之下，妈妈只好妥协了，她陪着罗丽莎走了那条新路回家。妈妈万万没有想到，正是这个倔强的小女孩，在几十年的光阴过后，在科学领域做出了杰出的成就，对整个人类都做出了伟大的贡献。

罗丽莎从小就非常崇拜居里夫人，她立志要成为居里夫人那样对整个世界和全人类都有所贡献的人。当时，罗丽莎的家人们都觉得她这个想法简直是天方夜谭，因为罗丽莎的家人都是普通的犹太人，他们生活在社会底层，既不能为罗丽莎提供优渥的经济条件，也不能为罗丽莎提供更好的社会基础。所以父母对罗丽莎最高的愿望就是希望她能够成为一名教师。对父母的期望，罗丽莎的态度非常坚决，她认为居里夫人能够做到的事情，她同样也能做到，为此她对自己也将拥有和居里夫人一样有价值、有意义的人生坚信不疑。

在当时的社会环境中，作为一个犹太女人，罗丽莎在科学研究的道路上进展非常艰难，她既不能得到和男性一样的津贴，也不能得到很多便利条件，她必须克服重重阻碍，才能在学业上有所进步。但是，她从来没有放弃过。她正如对父母承诺过的那样，最终不但成为了一名伟大的女科学家，还成为了一名合格的妻子和优秀的母亲，她是一个非常完美的女人，是无数女人的榜样和楷模。

如果罗丽莎按照父母所设想的那样成为一名老师，她也许会生活得更容易，毕竟成为一名教师只需要接受一定程度的教育即可。但是，要想成为一名女科学家，在当时的社会环境下，罗丽莎却要付出加倍的辛苦和努力。对于自己选定的道路，罗丽莎不管多么辛苦，都从来没有放弃。每一位女孩都应该以罗丽莎为自己的榜样，要充满自信，全力以赴奔向自己的人生目标，不达目的，誓不罢休。

在人生进取的道路上，我们还要勇敢地开辟新路，而不要总是沿着已有的道路走下去。有些已有的道路虽然走起来非常平顺，但是我们并不能看到别样的风景，反而是那些新开辟的道路，会带给我们更多的惊喜。那么，女孩如何才能坚持走自己的道路，坚持做自己想做的事情呢？

首先，女孩们要确定自己的理想和志向。只有确定理想和志向，才能确定人生的目标，确定奋斗的方向。如果没有理想和志向，我们也就无所谓自己的道路可走。

其次，女孩要坚持学习，多多读书。学习是每个女孩获得进步和成长最重要的方式，只有在年少阶段为自己打下坚实的基础，我们将来才能拥有更好的发展。

最后，要勇敢创新，坚持进行独立思考。虽然我们要积极地采纳他人的合理建议，但是却不能盲从他人的建议，而是要意识到很多时候唯有创新，才能给我们带来新的改变。当坚持创新的时候，我们还能发现很多新的东西，也能拓宽自己的思路，开阔自己的眼界，使自己的人生豁然开朗。

当然，在坚持走自己的道路时，我们一定会受到外界的阻力，甚至很多人都会对我们表示不赞同。这都没关系，我们没有必要迎合所有人，只要我们坚持认为自己所做的一切都是正确的，就可以继续做自己想做的事情，哪怕遭遇失败也无怨无悔，因为这是我们自己的选择。

成功从来不是复制他人成功的经验，我们哪怕复制得再精密，也不是我们自己的成功，我们唯有坚持自己的想法，做自己想做的事情，一切才会变得更好。

勤奋，是通往梦想之路

很多人都知道鼎鼎大名的巴尔扎克，也知道巴尔扎克创作了很多优秀的文学作品，但是却少有人知道，在小时候，巴尔扎克曾经被父亲逼着学习法律。幸好巴尔扎克坚持了自己的文学之路，从来没顺从父亲的旨意。虽然他因此而与父亲爆发矛盾，但是他从未改变自己的梦想，最终成为了大文豪。

父亲认为，真正有才华的人都会学习法律，而不会学习文学，因为在文学的领域里，除了真正有天赋的人才能够有所成就之外，大多数学习文学的人都一事无成。学习法律则不同，既能获得名誉，又能够创造财富，所谓一举两得。每当面对父亲的质疑，巴尔扎克总是耐心地向父亲解释："我对法律不感兴趣，我只对文学感兴趣。"

每当看到巴尔扎克痴迷于文学却毫无成就的时候，父亲就更是急不可耐了。面对父亲的急迫，巴尔扎克总是非常耐心地告诉父亲："一个人必须拥有信心，而且坚持努力，才能获得成功。我拥有信心，我也能坚持努力，成功对于我而言，只是时间的问题。"听到巴尔扎克的话，父亲与他定下了约定："两年之内，如果你在文学领域不能有所成就，那么你就去学习法律，不能再违背我的意志。"对于父亲的话，巴尔扎克毫不迟疑地答应了。

从此之后，巴尔扎克每天都把自己关在房间里，笔不辍耕，埋头写作。在此期间，他创作了很多文学作品，但是因为他对于文学创作的经验还是很少，所以并没有取得什么进展。认识到自己的短板之后，巴尔扎克暂时放下了笔，开始阅读。他读了大量的世界文学名著，几乎每天都泡在图书馆里。在有了一定的积累之后，巴尔扎克再写文章就非常顺畅了。他把自己关在房间里，不允许任何人打扰他，就连家里人给他送饭，他也坚决拒绝。为了避免外界的干扰，他甚至锁上了房间的门，每次都是通过窗户进出。这样大家都以为屋里没人，也就不会来打扰他了。巴尔扎克这样废寝忘食地努力了好几年，终于创作出了小说《朱安党》。《朱安党》的问世，震惊了法国的文学界。从此之后，父亲再也不指责他学习文学无用，更不逼迫他学习法律了。

从此之后巴尔扎克成为了一位非常高产的作家，他创作了很多小说，在法国文学史上留下了大量宝贵的文学财富，即使在世界文学史上，巴尔扎克也是位了不起的大人物。

一个人即使很有天赋，对某些领域也有兴趣，如果不能做到勤奋和坚持，就不会有所成就。所以说没有天生的天才，所谓天才都是勤奋加努力的结果。大多数人都信奉天赋，其实天赋在成才的过程中只起到了微乎其微的作用。我们与其羡慕他人获得了成功，光环加身，还不如多多了解那些成功者在成功之前，付出了多少辛苦和多少努力。真正的成功者中有天赋者寥寥无几，有好运气者也非常少，但是勤奋的人却很常见。所以女孩们要想获得成功，实现梦想，就一定要勤奋努力，脚踏实地，唯有如此，才能在成长的道路上有更好的表现。

俗话说，一勤天下无难事，这句话为我们揭示了一个深刻的道理，即没有人能够通过捷径直达成功的巅峰。每个人要想获得成功，就一定要以勤奋为前提条件。当我们勤奋刻苦，坚持到一定时间也积累到一定程度的时候，我们就能够打开成功的大门，进入成功的殿堂。

很多伟大的成功者之所以能获得成功，都与勤奋密切相关，例如，东晋时期的书法家王羲之，他之所以能够成为大书法家，就是因为他能够勤奋练字。相传，王羲之家旁边有一个水塘，因为王羲之每次练字之后都去水塘里洗砚，所以把整个水塘里的水都洗黑了。两次获得诺贝尔奖的居里夫人，之所以能够创造如此伟大的成就，是因为她总是坚持学习。大名鼎鼎的音乐家贝多芬虽然双耳失聪，但是他凭着顽强的意志力创造了很多优秀的乐曲，这与他勤奋练习是密不可分的。总而言之，无数事实都告诉我们，每个人只有靠着努力，脚踏实地地勤奋苦干，才能获得成功。

对于成功，女孩们一定要消除一个误解，那就是成功是命运的赏赐，而并非是勤奋的结果。唯有以勤奋为钥匙，才能打开知识的宝库。当我们打开了知识宝库，成功也就随之而来。此外，勤奋还是通往梦想的桥梁。只有走过勤奋这座桥梁，我们才能到达梦想的彼岸，也才能如愿以偿地实现梦想。

自信，助力我们走向成功

有个住在一座小城里的女孩特别喜欢跳芭蕾舞，但是小城里并没有专业的芭蕾舞学习机构。女孩让父母为她买了芭蕾舞鞋，每天都在家里坚持练习芭蕾舞蹈。随着不断练习，她的舞姿越来越优美，甚至连父母都觉得她很有跳芭蕾舞的天赋。这激发了女孩的梦想，即成为专业的芭蕾舞演员。为此，女孩下定决心报考舞蹈学院，因为只有进入舞蹈学院，她才能够接受更专业的舞蹈训练，也才能够成为真正的舞蹈家。然而，女孩对于自己还是缺乏信心，她不确定自己是否真的在舞蹈方面有独特的天赋，也不知道自己能否能考上舞蹈学院，所以她迫切地想要得到专业人士的意见。

就在这个时候，有一个芭蕾舞团来到女孩所在的城市进行公开演出。得到这个千载难逢的好机会，女孩在观看完芭蕾舞团的表演之后，特意去拜访了团长。见到团长的时候，女孩诉说了自己的请求。团长看到女孩眉目清秀，因而给了女孩五分钟时间让她跳舞。虽然女孩陶醉在自己的舞蹈中，但是团长却一直在忙着处理其他事情，等到女孩舞蹈结束的时候，团长对女孩说："我看你还是不要跳芭蕾舞了，因为你在芭蕾舞方面并没有天赋。"听到团长的话，女孩心中仅有的一点信心全都落空了。她回到家里之后，彻底断绝了当芭蕾舞蹈演员的梦想，扔掉了所有和芭蕾舞有关的东西。后来，她按部就班地结婚生子，从事着非常普通的工作。

十几年过去了，当年的小女孩已经成为妈妈。这个时候，那个芭蕾舞团长又带团来女孩所在的城市表演。女孩心中始终有所不甘，她再次找到芭蕾舞团的团长，询问对方当年为何断言她没有跳芭蕾舞蹈的天赋。老团长费尽心思回忆，才想起当时的确有过这么一件事情。他很抱歉地对女孩说："对不起啊，当时我就是习惯性地说出了那句话，因为每天都有很多孩子来问我这个问题，所以我都会以这句话来搪塞他们。毕竟真正适合跳芭蕾舞的人少之又少。"

听到芭蕾舞团长的回答，女孩感到震惊不已。她愤怒地对团长吼道："团长，您用一句话就毁掉了我的一生，原本我可以成为一名优秀的芭蕾舞演员，你为何要否定我呢？现在，我的一生都完了。"看到这女孩哭得泪流满面，老团长毫不愧疚，他说："如果你真的想成为一名芭蕾舞者，你不会因为任何人否定你，就放弃你的梦想。所以最终不是我毁了你，而是你自己放弃了你想要的人生。"听到芭蕾舞团长的话，女孩愣在了当地，她想了很久，最终一言不发地离开了。

团长说的话很有道理，如果女孩真的想成为芭蕾舞者，那么不管团长怎么否定和打击她，她都不会轻易放弃自己的梦想，所以说改变她人生的不是团长那句话，而是她对自己的不自信，也是她对自己的怀疑和否定。

有多少女孩和故事中的女孩一样，在追求梦想的道路上还没有受到客观的打击，主观上就已经先选择了放弃。如果她们能够充满自信，对自己的人生之路更加坚定，那么她们就能在追求梦想的道路上爆发出强大的力量，就能在人生的道路上获得更长足的进步。

每个女孩要想真正地走向成功，就要坚定不移地实现自己的梦想，哪怕遇到再多的坎坷和挫折，哪怕受到他人再多的否定与打击，也要坚持到底，决不放弃。如果我们面对自己想做的一件事情，轻而易举地就被他人影响，就因为他人一句不负责任的话而改变了自己的决定，那么我们自身对于梦想就是不够坚定的，更不可能实现梦想。

人生短暂，美好的光阴转瞬即逝。人生之中最美好的年华更是短暂，所以我们对于自己想做的事情一定要永不放弃。否则，当我们错过了一段人生，我们也许就会永远地错过自己的梦想。拿破仑说："不想当将军的士兵不是好士兵"，虽然这句话并不适合用在女孩身上，但是我们却可以对其加以改变，那就是不能坚持自己梦想的女孩不是有出息的女孩。每一个有出息的女孩都要坚持自己的梦想，在生活和学习的过程中，不管面对多少挑战，都绝不畏缩和胆怯。虽然人生中有很多不如意，也常常会以残酷的现实打击我们，但是真正有自信的女孩是从来不会被打倒的，更不会放弃在生命的旅程中努力向前。

"拼命三郎"的春天

众所周知，聂耳是中华人民共和国国歌《义勇军进行曲》的作曲者。当年，聂耳来到上海的时候举目无亲，生活无着落，后来在机缘巧合之下进入了联合影业公司音乐舞蹈学校，开始学习小提琴。当时，这所学校为学生们提供的宿舍非常狭小逼仄，一个小小的宿舍里要住七八个人。每当练琴的时候，聂耳只能站在墙角，这样才能避开大家，也不会耽误大家正常的生活。对于饱尝苦难的聂耳而言，这样的环境已经非常好了，因为至少他有地方吃饭和睡觉，还能学习拉琴。

聂耳学习非常刻苦，虽然老师总是不断地为聂耳指出错误，但是聂耳从不抱怨。有的时候，因为聂耳学得有些慢，还常常犯错，所以老师会很着急地对聂耳说出一些过激的话，或者批评他。对此，聂耳意识到自己碰到了好老师，所以才会苦心教他，希望他有所成长，也才会对他这么用心。为了尽快达到老师的要求，每当大家出去玩的时候，聂耳总是躲在宿舍里坚持练琴。正是通过勤学苦练，聂耳在小提琴方面的才能突飞猛进。大家看到聂耳在学习上对自己如此之狠，所以送给了聂耳一个雅号，叫作"拼命三郎"。

后来，聂耳凭着出色的表现在音乐的道路上越走越远，也得到了机会为《义勇军进行曲》作曲。聂耳万万没有想到，后来《义勇军进行曲》被选定为中华人民共和国国歌，这对于他而言是至高无上的荣誉，也代表着他在音乐创作的道路上达到了巅峰。

不管做什么事情，要想有所成就，都一定要有拼命三郎的精神。对于贫穷的聂耳而言，在来到上海之初，他从未想到自己居然能够在音乐的道路上做出如此伟大的成就，但是他有着不服输的精神。在机缘巧合地进入学校开始学习小提琴之后，他从来不叫苦叫累，哪怕被老师批评和训斥，也从不抱怨。他付出所有的时间和精力刻苦练琴，从未有偷懒的念头，更不会找时间休息。正是在这样的勤学苦练之下，他才在音乐上有了更深的造诣。

俗话说，学无止境，学习的道路上是永远没有尽头的，知识的山峰上是永远没有顶峰的。我们只有拥有活到老、学到老的精神，在不断的攀登和持续的努力下，才能因为勤奋而创造生命的奇迹。

如今，很多女孩在学习了一段时间之后就会感到骄傲自满，认为自己已经学有所成了，也认为自己不需要继续学习了，其实这是对于学习的误解。看看那些有所成就的大师们，巴金、金庸、冰心、华罗庚，等等，他们之所以能够创造出伟大的成就，正是因为他们对待学习有着谦虚的态度，就是因为他们知道自己必须坚持学习，才能做出成就。

第八章

有出息的女孩勇敢坚强,敢作敢当扛起责任

　　有出息的女孩不但非常勇敢坚强,而且敢做敢当。当她们做一些事情产生后果的时候,她们不会畏缩和逃避,而是会勇敢地承担责任,这是因为她们有责任心。正是因为这份责任感,她们的人生才更加厚重,她们的内心才更加果敢坚毅。不要再说女孩是天生的胆小鬼了,现在的女孩都有强大的心,也有很强的能力,足以担当重任。

农场主人的女儿把这只蛋放到小鸡窝里,让鸡妈妈每天孵化。

大雁和小鸡们一起被孵化出来。它毛茸茸的,那么可爱,女孩非常喜欢这只大雁。

小小的雏雁非常羡慕大雁,想像大雁一样在天空中自由自在地翱翔。有些小鸡知道了小雁的梦想,都对小雁嗤之以鼻。

女孩索性带着小雁站在峡谷的边缘,把小雁用力地抛出去。小雁展开了翅膀,越飞越高,越飞越远。

有勇气，才有未来

从小，可乐就立志当演说家，但她是一个胆小的女孩，只敢躲在自己的家里，甚至是躲在房间里对着墙壁进行演说。每当爸爸妈妈想要听她演说时，她总是非常害羞，尤其是在班级里，老师邀请她上台演说，她更是因为紧张而脑中一片空白，连一个字都说不出来。如何才能增强自己的信心和勇气呢？可乐为此感到非常苦恼。

有一次，班级里举行演讲比赛，要求每一位同学都必须上台演讲。这使得可乐无法逃避，轮到可乐的时候，她犹豫了半天，迟迟不敢走上讲台。这个时候，老师都等着急了，同学们也开始起哄。原本，排在可乐后面的那个女孩说话都结结巴巴，现在却仿佛下定了决心，居然主动地走上讲台，开始演讲。在演讲的时候，她说话依然结结巴巴，但是她的声音非常响亮，特别有底气，再加上她有着丰沛的感情，还配合着肢体动作，所以等到她结束演讲的时候，老师和同学们都给出了热烈的掌声。看到这个女孩的表现，可乐羡慕极了。

听到老师当着全班同学的面表扬那个女孩："祝贺这位同学，终于鼓起勇气战胜了内心的胆怯，克服了自己的弱点！"这个时候，大家都为可乐感到难过，因为大家都知道可乐已经做好了充分的准备，距离成功只差一步，那就是勇敢地走上讲台。老师的话音刚落，可乐就站起来说："老师，下面轮到我演讲了。"说着，可乐就三步并作两步地走上讲台。虽然在刚开始演讲的时候，可乐说话的声音带着颤抖，但是随着演讲的时间越来越长，可乐的表达越来越流畅，声音越来越洪亮，感情也越来越充沛。最终，可乐顺利完成了这次演讲，让老师和同学都对她刮目相看。从此之后，可乐在演讲的时候再也不害怕了,她总是说:"演讲也没什么可怕的,只不过把我面对的墙壁换成一张张面孔而已。同学们可比墙壁友善多了,还会给我鼓掌呢!墙壁可不会给我鼓掌呀。"渐渐地,可乐爱上了当众演讲的感觉,后来还代表班级参加了学校里的演讲比赛,获得了好名次呢!

很多时候,女孩之所以害怕胆怯,是因为她们缺乏勇气。勇气对于女孩而言是很重要的,这是因为人生之中处处都充满了挑战,处处都充满了机遇。女孩只有带着勇气上路,才能过五关斩六将,让自己获得更大的成功。很多女孩都很有才华,但是却没有勇气突破和超越自己。其实,女孩很渴望自己能够做得更好,但是却没有勇气战胜自己,并且因此而处于停滞不前的状态。在前进的道路上,每个人都不可能一帆风顺,顺遂如意,都有可能遭遇失败和沮丧。但是,失败和沮丧并不能阻止女孩的前进,也不能够帮助女孩达到更好的境遇。女孩必须心怀希望,心怀勇气,勇往直前,才能获得成功。

在面对现实生活的时候,女孩要想做好很多事情,都需要激发自己的勇气,作为鼓舞和支撑自己的力量。例如,女孩要勇敢地尝试新事物,需要勇气;女孩要冒险证明自己的能力,也需要勇气;面对他人的不情之请,女孩表达拒绝同样需要勇气;演讲需要勇气,当众说话也需要勇气。总而言之,如果女孩失去勇气就会寸步难行,就无法真正承担起自己的责任。所以女孩一定要勇敢地战胜自己,以勇气展示自己的实力。

生命中总会有各种各样的机会,只有真正有勇气的女孩才能抓住这些机会。如果女孩没有勇气面对任何事情,常常采取畏缩和胆怯的态度一味地逃避,那么她们就没有机会证明自己的实力,也就不知道自己能够创造哪些奇迹。只有有勇气的女孩,才能不顾一切地勇往直前,全力以赴地证明自己,才能真正地长出翅膀,飞到属于自己的辽阔天空中去。

走过泥泞的道路，才能留下深刻的脚印

刚刚遁入空门时，鉴真和尚是一个行脚僧，行脚僧非常辛苦，每天都要四处行走，寻找有缘人化缘。所以才短短的一年过去，鉴真就穿烂了很多双鞋子。有一天，天色已经大亮了，鉴真还在呼呼大睡。往常这个时候，鉴真早就出门化缘了。住持喊醒鉴真，问："鉴真，你今天不去化缘吗？"鉴真带着怨气对住持说："我才遁入空门一年，就穿烂了这么多双鞋子，别人一年连一双鞋子都没有穿烂，我觉得我应该少出门，这样可以节省鞋子。"听到鉴真的话，住持知道鉴真心中有怨气了，所以带着鉴真走到寺庙前。

寺庙前有一座黄土坡，因为前一天夜里刚刚下过雨，所以黄土坡上布满了泥泞。住持问鉴真："鉴真，你想当得道高僧，还是想当蒙混度日的和尚呢？"鉴真毫不迟疑地回答："我当然想当得道高僧。"

住持对鉴真说："那好，我问你，昨天你曾经走过这条黄土路吗？"鉴真点点头，住持又问："那么你在走过这条路的时候，是否在路上留下了脚印呢？"鉴真对于住持的意思十分不解，他如实回答道："昨天，这条黄土路非常坚硬平坦，我不可能在上面留下脚印。"

住持和鉴真一起往前走去，他们走过这条黄泥路，路上留下了他们的脚印。这个时候，住持微笑着对鉴真说："这个世界上有那么多人在路上走过，能够留下脚印的人少之又少，是因为大多数人走的都是平坦坚硬的路。只有走过那些泥泞的路，人们才能在路上留下自己的脚印。"鉴真恍然大悟，从此之后，他再也不因为辛苦而心生抱怨了，而是每天都坚持出去化缘，每天都坚持寻找机会宣扬佛法。

住持说得很对，一个人如果始终走在平坦坚硬的道路上，是不可能留下脚印的。反之，如果走在充满泥泞的道路上，那么路上就会留下深刻的脚印。这与行走人生的道路有着异曲同工之妙。在生命的历程中，如果我们总是过着安逸舒适的生活，那么就不可能在生命中留下很多值得纪念的时刻。反之，如果我们即使经历了生活的磨难也非常用力地生活，那么我们就会在人生之中留下难以磨灭的印记。

如果我们想在人生的旅途中留下自己的脚印，那么就不要总是躲在安逸舒适的环境中，不愿意经历风雨。我们唯有冒着风雨走在人生的道路上，唯有在泥泞的道路上留下深刻的脚印，才能有所收获。

有出息的女孩一定要明白这个道理，知道自己不管做什么事情都会经历坎坷与挫折，都会饱经风雨的磨砺。如果轻易地放弃了，或者避开这些挫折与困难，那么女孩就不会有所进步。唯有坚持不懈地勇往直前，唯有非常努力地生活，我们才能在生命的历程中留下自己的痕迹。这是一种人生的智慧，也是一种生命的勇气。

很多女孩面对人生的逆境时，往往会本能地想要逃跑。其实，很多时候，逆境只要得到转换，就会变成人生的契机。正如海明威笔下的桑迪亚哥老人所说的："我们也许会被打倒，但是我们却不应该被打败。只要勇敢地再次站起来，我们就能获得直面困难的决心和力量。"

如今，人们都因为有了电灯的存在，生活在光明的世界里，哪怕日落西山，黑夜降临，我们也依然可以灯火通明。这一切都要归功于电灯之父爱迪生。为了发明电灯，爱迪生尝试了1000多种材料，进行了7000多次实验，最终才找到合适的材料生产电灯，让全世界都迎来了光明。爱迪生在一生之中进行了很多项发明，这一切都归功于他呕心沥血地进行实验和创新。有一年，爱迪生的实验室发生了大火，他所有的实验器材和实验成果都在这场大火中化为灰烬，损失非常惨重。当儿子得知实验室着火的消息时，他一心一意只想拯救父亲，他以为父亲还在大火中抢救实验设备呢，却没想到父亲正在安全的地方，看着烈火中的实验室。看到儿子，爱迪生并没有为实验室的毁灭而感到心疼，反而让儿子去把妈妈找过来，让妈妈也亲眼看一看这样壮观的场面。后来，无数人都为爱迪生的实验室变成废墟而痛心不已，爱迪生却说："感谢这场大

火，烧毁了我所有的错误，这下子，我终于可以重新再来了。我相信，我再次得到的结果会比这些错误好得多。"

这场火灾并没有像大家所想象的那样给年近古稀的爱迪生带来致命的打击，相反，在火灾发生的几天之后，爱迪生就研究出了第一部留声机。

无数人面对自己的心血付之一炬，都无法保持平静和淡然，但是爱迪生却能够换一个角度看待问题。这场火灾烧毁了他所有的错误，给了他重新再来的机会，正是这种勇气，让爱迪生在创新的道路上始终不懈地前行，也做出了诸多伟大的成就。

有出息的女孩应该学习爱迪生的精神，要在危机之中看到契机，要在绝境之中看到希望，要始终坚持不懈地勇敢前行，这样才能让自己的人生获得更多的契机，创造更多的奇迹。

敢于承担责任

为了研究那些在各个领域中出类拔萃的人是如何获得成功的，美国大名鼎鼎的心理学家艾尔森博士曾经专门做过一个问卷调查。他采访了100名杰出人士，最终得到的结果让他感到非常惊讶。原来在这100名杰出人士之中，有超过60%的人承认他们并不是因为出于热爱才从事他们眼下的工作，那么他们究竟为何能够获得成功呢？这激发了艾尔森博士更强烈的好奇心。

一个偶然的机会，艾尔森博士得以采访纽约证券公司的经理人苏珊。通过对苏珊职业生涯的了解，艾尔森博士找到了让自己满意的答案。原来，苏珊从小就出生在音乐世家，她的理想是能够在音乐的领域中尽情地翱翔，然而她却因为一些原因阴差阳错地学习了工商管理专业。虽然向来喜欢音乐的苏珊并不真正热爱工商管理专业，但是她出于责任坚持认真学习，凭着优秀的成绩，她最终获得了经济管理专业的博士学位。后来，她在美国证券业界崭露头角，又凭着努力拼搏而叱咤风云，成为无数人敬佩和仰慕的对象。面对艾尔森博士的调查问卷，她依然带有深深的遗憾。她甚至告诉艾尔森博士，如果命运能够再给她一次选择的机会，她一定会毫不犹豫地选择音乐事业。

对于如此坦诚的苏珊，艾尔森博士也开门见山地问道："如果你不喜欢工商管理和经济管理专业，那么你为何能够做出这么伟大的成就呢？"苏珊的眼睛熠熠闪光，她毫不迟疑地回答道："因为我必须肩负起我自己的责任。"艾尔森博士恍然大悟。后来，他又采访了很多其他的成功人士，最终证实了很多成功人士并非从事自己热爱的专业，却能够获得成功，是因为他们和苏珊一样，都承担起了自己的责任。他们为了履行自己的责任而尽职尽责，拼尽全力，正因为如此，他们才能获得伟大的成功。

很多女孩都因为不能做自己喜欢的事情而感到遗憾，为此，她们对于自己正在做的事情也采取敷衍了事的态度。不得不说，这样的女孩是没有责任心的。在上述事例中，如果苏珊一心一意只想着音乐事业，而对于自己阴差阳错进入的经济管理专业怀着漫不经心、敷衍了事的态度，那么她就不可能拥有今天的成就。

人，不能总是这山看着那山高，要有当机立断的决心和勇气。既然已经错过了音乐事业，既然已经走入了经济管理行业，那么就要全心全意地把自己的工作做好。有出息的女孩也应该向苏珊学习。要知道，一个人的责任心有多强，他所能取得的成功就有多么大。换而言之，一个人的责任心与成功是呈正相关的，所以女孩一定要努力培养自己的责任心。当必须做自己并不喜欢的工作时，与其抱怨，感到颓废沮丧，不如投入全力争取做得更好，这样说不定就能在不知不觉间让自己的现状得到改变。

在现代社会中，情商被提升到前所未有的高度，责任心恰恰是高情商的重要表现。很多高情商的人对工作认真负责，他们哪怕对自己的工作没有激情，也会依然坚持履行自己的职责，拼尽全力争取把工作做得更好。所以女孩一定要有责任心，这样才能推动自己的人生朝着更好的方向发展。

古今中外，很多伟大的人并非凭着自己的喜好去选择人生之路，而是充分发挥聪明才智，一步一步努力地走向成功。当女孩因为自己有责任心，并且感受到责任的乐趣时，就会保持愉悦的情绪，让责任继续传递下去。在整个社会中，如果每个人都能够尽到自己的责任，那么社会就会发展得更好，也会更加和谐安定。所以不管在什么情况下，女孩都要保持责任感，也要以履行自己的责任为优先。

责任不但是每个人都应该承担的义务，也是天赋的使命。每个人既然生存在这个世界上，就有自己的责任需要承担。如果一个人不需要承担任何责任，那么他的存在就毫无意义，他也常常因此而感到内心空虚。虽然承担责任时，我们需要付出很多，但正是这份付出和对责任的坚守，让我们的人生变得更加充实厚重。

女孩一定要敢于承担责任。女孩承担的责任越大，生命存在的价值也就越大，生命存在的意义也就越深刻。一个拥有责任心的女孩，仿佛拥有了生命的脊梁，因此她们能够在成长的道路上收获更多成功。

在承担责任的时候，女孩还要注意的是，一定不要推卸责任。虽然对于很多事情并不能够准确地划分责任，也使得推卸责任成为可能，但是面对这样的境遇，真正敢于承担责任的人会让他人刮目相看。所以每当需要承担责任的时候，我们一定要主动地承担起属于自己的过错，这样才能以坚强自主的姿态赢得他人的尊重，也才能够在承担责任的过程中获得锻炼，获得成长。

面对失败，勇往直前

刚刚工作两年的圆圆，现在面临着一个很好的机会，那就是上司准备跳槽独立开公司，想邀请她一起创业。对此，圆圆感到非常迟疑，因为继续留在现在的公司里，收入还是很稳定的，福利待遇也不错。如果离开这家公司，和上司一起去创业，虽然上司允诺会给她更丰厚的回报，年终还会给她分红，但是对她而言，一旦新公司发展不顺利，那么圆圆的职业生涯发展就会受到影响。思来想去，虽然圆圆很想求安稳，但是她更知道很多机会都是转瞬即逝的，最终她决定辞掉工作，和上司一起创业。

创业之初，公司经营和运转都非常艰难，圆圆对上司不离不弃。有一段时间，上司甚至没有钱给员工们发工资，圆圆就用自己的积蓄支撑度日。熬过这段时间之后，公司的运转终于好起来，也渐渐地开始盈利。到了年底，圆圆不但拿到了更高的薪水，还得到了分红。随着公司的不断发展，圆圆从一个稚嫩的助理变成了一个各方面能力都很强的老元帅。后来，上司还提拔圆圆当了副总。

圆圆有很强的事业心，很想借此机会大展身手，和上司一起把公司发展壮大。让圆圆万没有想到的是，在公司发展良好的情况下，上司却变得没有那么积极进取了，他很满足于现在的盈利状况，并不想进行太大的改变。相比之下，圆圆正处于发展事业的鼎盛时期，迫不及待想要得到更大的平台。后来，因为和上司之间常常因为公司的发展问题发生争执，上司居然解雇了圆圆。受到如此沉重的打击，圆圆感到非常痛苦。她是那么信任上司，一心一意地帮助上司发展公司，却万万没想到自己会遭到这样的将待。

圆圆痛定思痛，意识到上司本来就是一个非常保守的人，而且小富即安。所以她决定继续找其他工作，她相信凭着她这些年的工作经验，以及她敏锐的市场眼光，她一定能够得到有缘人的赏识。后来，圆圆得知一家大型企业正在招聘业务经理，当即就带着简历前去应聘。让圆圆感到万分欣喜的是，她和这家公司的老总一见如故，而且他们对于公司的发展和前景都有着相同的憧憬。最终，这家公司的老总直接让圆圆担任销售经理。圆圆在销售经理的岗位上如鱼得水，把工作做得风生水起，后来还因为表现突出被提升为公司的副总。最重要的是，她与这家公司的老总志同道合。最终，在他们的齐心协力之下，公司发展得更加壮大了。

被带自己出来的老总炒了鱿鱼，让圆圆感到深受挫折。然而，圆圆并没有气馁，她凭着自己的努力和实力，最终得到了更为宽广的舞台，也更好地呈现出自己在工作方面的超强能力。

越是面对失败，我们越是应该全力以赴，勇往直前。有些女孩在遭遇失败的时候往往一蹶不振，她们认为自己此前付出了那么多，却没有得到应有的回报，因而感到心灰意冷。然而，心灰意冷、沮丧绝望从来不能帮我们改变现状，我们唯有全力以赴地证明自己存在的价值，为自己找到更好的舞台施展能力，才能更加顺利地做好很多事情。

人生从来不会一帆风顺，每个人在生命的历程中都会遭遇各种不如意，这是必然的。面对命运的坎坷和磨难，我们如果一味地沉浸在抱怨之中，或者被失败击倒，再也不能爬起来，那么我们就会彻底地失败。即使遭遇困境，也不要试图获得外界的同情，因为不管是谁的同情，都不能帮助我们真正地渡过难关。面对失败，最重要的是要爬起来继续努力前行，勇往直前，这样才能获得新的机会，也才能在迷雾之中找到新的方向，积极地开展行动。很多时候，成功并不像我们想象中那么遥远，甚至就在拐弯处等待着我们。只要努力向前，只要不放弃追求成功，成功就会不期而至。

具体来说，女孩应该如何面对失败，以实际行动与失败对抗呢？

首先，女孩应该树立奋斗的目标。只有拥有目标，我们才能确立方向。如果没有目标，只是浑浑噩噩地面对人生，我们就不能真正地确立方向。所以，对于有出息的女孩而言，当务之急是要确立奋斗目标，然后脚踏实地追求目标。当然，在设立目标的时候要适度，既不要把目标设立得过高，使自己无论怎么努力都不能达到目标，这样就会产生挫败感；也不要把目标设置得过低，使自己轻而易举就能实现，这样就会感到太过轻松容易，而不能激发起自己的潜能。此外，在设立目标的时候，还要根据实际情况进行调整，这样才能让目标对自己起到激励的作用。

其次，要设立短期目标、中期目标和长期目标，让目标具有连续性。很多女孩在实现目标之后就迷失了方向，或者陷入盲目乐观的状态，不愿意继续努力，这都是要不得的。人生是一个漫长的历程，每一个小小的成功都是我们往前行进的一步，即使获得了梦想中的成功，我们也不能止步于此。要知道，成功的巅峰是永无止境的，为了激励自己始终坚持成长，我们必须拥有连续性的目标，即接力实现短期目标、中期目标和长期目标。只有在这些目标的持续激励之下，我们才能更加坚强不屈，持续努力。

最后，女孩要正确地面对失败。人们常说，失败是成功之母，这充分说明了失败对于成功的重要意义。世界上很少有人那么幸运，只需要尝试一次就能如愿以偿地获得成功。大多数人都会遭遇失败的打击，女孩应该拥有强大的内心，越是遭遇失败的打击，越是要勇敢地面对，而不要在失败的打击之下陷入沮丧的状态。从本质上而言，失败是助力我们成功的重要因素，我们必须正确地面对失败，才能达到自己预期的目标。

以行动落实计划

在一个农场里养着一群鸡，里面居然混着一只大雁。这只大雁是如何来到鸡群和鸡一起生活的呢？原来，这只大雁在还是一只大雁蛋的时候，就被农场主人的女儿捡回家了。

当时，农场主人的女儿并不知道自己捡到的是一只大雁蛋，但是她很希望这只蛋能够被孵化，变成一个可爱的小生命。所以她就把这只蛋放到小鸡窝里，让母鸡妈妈每天孵化。果不其然，大雁和小鸡们一起被孵化出来。它毛茸茸的，那么可爱，女孩非常喜欢这只大雁。为了让大雁更好地生存，她就让大雁每天都和小鸡一起吃谷粒。就这样，大雁误以为自己也是一只小鸡呢。

有一天，鸡妈妈带着小鸡们啄食谷粒，正在这个时候，一只强壮的大雁从天空中俯冲下来，小鸡们吓得四处躲藏。这只小小的雏雁也和小鸡们一样吓得四处躲藏。然而，在惊慌的一瞥中，它看到了大雁强健的身影，心中仿佛有一种感情被勾了起来。从此之后，它常常魂不守舍地想着自己的心事。原来，它非常羡慕大雁，想像大雁一样在天空中自由自在地翱翔。有些小鸡知道了小雁的梦想，都对小雁嗤之以鼻，嘲笑小雁说："你作为一只鸡，却梦想着像大雁一样飞到天空中，这简直就是白日做梦呢！"小雁认为小鸡们说得很有道理，它就放下了自己的梦想，又和小鸡们一起去啄食谷粒了。

随着渐渐长大，女孩看到小雁越来越强壮，体型比小鸡们大了很多，萌生了一种想法。她想让小雁飞到天空中，去找它的妈妈。为了帮助小雁飞翔，女孩先是把它带到屋顶，然后抛到地上。小雁在生命的威胁下终于扑腾了几下翅膀，平安地落到地上，但是它并没有想飞的意识，而是和小鸡们一起去吃食。女孩不甘心，又把小雁带到高高的树顶上，树顶有屋顶两个高，这让小雁感到非常害怕。但是，女孩下定决心把小雁从树顶上扔出去，小雁飞了一段距离就落到了地上。看到小雁的表现，女孩的想法越来越坚定。后来，女孩索性带着小雁爬到高山上的峡谷边缘。她知道峡谷很深，所以站在峡谷的边缘，把小雁用力地抛出去。女孩刚刚松开手，正在担心着小雁是否会坠落，就见到小雁展开了翅膀，越飞越高，越飞越远。飞了一会儿，它还飞回女孩的身边，不停地盘旋，仿佛在感谢女孩让它成为了一只真正的大雁。

如果让一只雁始终生活在鸡群里，那么这只雁很难意识到自己真正的身份，它会安于做一只鸡的命运。幸好它的小主人不愿意让它始终当一只鸡，想让它回到天空中去。正因为如此，女孩才会当机立断地采取行动，对小雁展开飞行训练，让小雁变回了一只真正的雁。

现实生活中，很多人都有各种各样的想法，如果不能当机立断地把想法变成行动，那么这些金点子就会变成空点子，最终消散于无形之中。在这个事例中，女孩在有了想法，想要把小雁送回天空之后，就采取了各种行动，最终获得了成功。如果女孩始终不能积极地采取行动，把小雁送回到天空中，那么这只小雁也许会真正地认可自己只是一只鸡。

即使有再好的想法，有再周密的计划，如果不能付诸行动，那么这些想法和计划就都是毫无意义的。真正能够把梦想变成现实的人，都是那些能够当机立断展开行动的人，真正能够让梦想绽放光彩的人，都是那些能够通过实现梦想让自己的能力得以发挥的人。作为女孩，既要有梦想，也要有计划，更要能够用实际行动实现梦想，落实计划。要知道，一分耕耘才能有一分收获，如果没有辛苦的耕耘，又哪里来的收获呢？

行动是推动计划变成现实最根本的动力。女孩应该有行动的意识，在有了好的想法和周密的计划之后，当即付诸行动。在行动的过程中，女孩也许会因为各种因素的作用而遭遇失败，但是失败也比无所作为更好。至少在失败的过程中，女孩能够汲取经验和教训，获得真正的成长和进步。反之，如果女孩始终止步不前，不愿意采取任何行动，那么只会耽于幻想，无所作为。

在印度，有一个大名鼎鼎的哲学家年轻有为，声名在外。很多女孩都仰慕哲学家的学识和才华，纷纷向哲学家求婚。有一个女孩非常美丽，她主动向哲学家表白了她的心意，但是哲学家却说："我需要一点时间考虑一下。"

后来，哲学家考虑了很长时间。他从各个角度分析了结婚的好处与坏处，但是却迟迟不能做出决定。最终，他恍然大悟，认识到不管面对多么艰难的选择，都一定要做出选择，所以他就来到这个女孩的家中。女孩的父亲为他打开了门，看到他出现在门口，惊讶极了，说："我的女儿十年前就已经结婚了，现在都已经有好几个孩子了，你怎么可能娶她呢？"听到这个消息，哲学家抑郁成疾，身体越来越差。在临死之前，他用一把大火烧掉了自己所有的哲学巨著，最终只给世人留下了六个字，那就是——不犹豫，不后悔。

如果哲学家早一些做决定，当机立断地接受女孩的求婚，娶了女孩，那么现在他一定会生活得很幸福。遗憾的是，他犹豫不决，最终错失了机会。在生命的历程中，我们既要学习农场主的女儿采取实际行动把小雁送回天空，也要学习小雁在面对不同的高度时，能够勇敢地展翅翱翔，开始生命的新历程。

人生固然需要脚踏实地地走好每一步，有的时候却也需要当机立断地展翅翱翔，这样才能到达人生不同的高度，看到人生不同的风景。

用行动成就梦想

小小的克拉克有一个伟大的梦想，那就是成为一个英雄，拯救世界。然而，他的家境非常贫穷，没有机会接受最好的教育，残酷的现实使他距离自己的梦想特别遥远。这也使他认清了一个事实，那就是他必须接受教育才能实现梦想。虽然他身无分文，根本无法支付昂贵的路费，他的家距离美国有一万公里之遥，而且他也不知道自己如何进入学校学习。但是他坚定不移，尽管有这么多未知的因素，但是一切都不能阻止小克拉克奔向自己的梦想。让人难以置信的是，小小年纪的他就这样背起行囊离开了家乡，徒步去美国接受大学教育。

非洲大地上一片贫瘠，道路特别崎岖，小克拉克走了整整五天，才走了二十五英里。他已经吃光了随身带的食物，喝光了随身带的水。最重要的是，他的身上连一点钱都没有，如何才能完成接下来的旅程呢？虽然理智告诉他应该回头，至少回到家里还有吃有喝，可以生存下去，但是理想却告诉他不能回头，只能前行，除非他失去了生命。在旅行的过程中，他有的时候与陌生人结伴而行，更多的时候一个人孤独地艰难前行。他没有钱住旅馆，就以天为被，以地为床，露宿在荒郊野外，生命还时常受到威胁。他没有钱买东西吃，就只能吃路边长的水果，以及其他能找到的各种植物。虽然他历经艰难，几次想要放弃，但是他最终还是选择了继续前行。

很快，小克拉克的事情被更多人知道了。那些在童年时期教过他的传教士们，通过政府的渠道为他办理了护照，那些好心的人们为他凑够了去往美国的费用。得到这些人慷慨的帮助，小克拉克终于如愿以偿地来到了美国。这个时候，距离他开始自己艰难执着的旅行已经过去了两年多。他进入了一所学院，开始学习，最终成为牛津大学的教授。

对于一个非洲贫困山区的孩子而言，要想走出非洲谈何容易，更何况他想要去的是繁华的美国，而且他还想接受高等教育。对于这个梦想，很多人连想都不敢想，甚至认为是不可实现的，但是小克拉克并没有被那些不确定的因素吓到。他知道自己只能勇敢地前行，他必须采取行动才能打破现在的僵局，才能真正地改变自己悲惨的命运，最终他以实际行动获得了成功。这告诉我们，行动能够创造奇迹。

在现实生活中，那些真正能够实现梦想的人少之又少，大多数人都过着碌碌无为的生活，这是为什么呢？是因为他们连想都不敢想，或者他们即使有了梦想，也被那些想象中的困难吓住，不敢切实地展开行动。人生是一个漫长的旅程，我们只有迈出旅程的第一步，才能够距离旅程的终点越来越近。在旅程的过程中，我们也许会遭遇泥泞坎坷，也许会经受考验。女孩们，你们有梦想吗？你们又可曾为了实现梦想而积极地采取行动呢？如果还没有，那么就从现在开始树立梦想，也为了梦想而采取行动吧。要相信自己的能力，也要相信自己终究能够抵达梦想的彼岸。即使遭遇风吹雨淋也没关系，只要我们朝着目的地坚持前行，我们总有一天能够到达目的地。正如人们常说的，世界上没有脚不能到达的地方，哪怕路再长，我们只要坚持一步一步地往前走，也终究能够抵达。

第九章

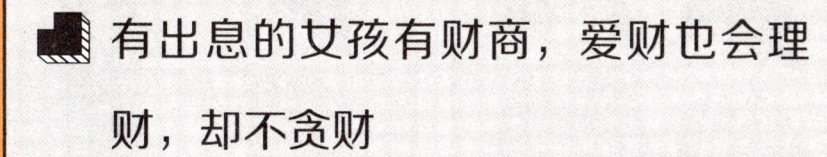

有出息的女孩有财商,爱财也会理财,却不贪财

现代社会中,虽然钱不是万能的,但是没有钱却是万万不能的。这是因为我们做很多事情都需要金钱的支撑。作为女孩,虽然爱财却要取之有道,要提高自己的财商,学会理财,而不要被金钱所奴役和驾驭。只有成为金钱的主人,才能拥有更美好的人生。

女儿，这是你今天做
家务获得的零花钱！
为什么咱们家条件很好，
可妈妈和爸爸对我却这么小气！
甩卖
早晨的蔬菜新鲜，
价格也比较贵。到傍晚
的时候菜却便宜了很多。
怎样做到合理消费
1.购买高性价比的商品。
2.了解各大超市或者卖场
打折购物的时间点。
3.优先考虑购买打折促销商品。
4.购买反季节衣服。

精打细算，花钱要物有所值

小雨的父母都是做生意的，而且生意做得风生水起，所以小雨家里的经济条件非常好。按理来说，小雨应该不会为零花钱而发愁，因为父母一定会给她很多钱，但实际情况恰恰相反，父母正因为知道赚钱的辛苦和不易，所以从来不给小雨充足的零花钱。这就使得小雨在买东西的时候，必须精打细算，货比三家，选择性价比最高的产品进行购买，这样她的零花钱才能够勉强维持到下一个月。

有的时候，小雨如果有额外的开销，需要更多的零花钱，父母也并不会无条件地支援她，她必须为妈妈分担很多家务，做一些自己职责以外的家务事，才能获得相应的报酬。刚开始的时候，小雨总是认为爸爸妈妈特别小气，也认为爸爸妈妈不够爱她，为此而对爸爸妈妈心怀不满。但是在得知爸爸妈妈的创业经历后，她就理解了爸爸妈妈的苦心。

原来，小雨的爸爸妈妈都出生在贫苦的农村，生活非常艰难，甚至连饭都吃不饱。为了改变生活，他们年纪轻轻的就结伴出来打工。在城市里，他们住过天桥，住过下水道，也住过地下通道。为了维持生计，他们做最辛苦的活儿却只能得到最微薄的报酬。后来有了小雨，爸爸妈妈才舍得租住一间小小的平房，一家三口在十几平方的平房里艰难度日，这使得爸爸妈妈饱尝生活的艰辛。但是，小雨的妈妈特别会过日子，她不管买什么东西都精打细算，哪怕能省一分钱，她也会极力节省。正是在妈妈的节省之下，家里的日子才过得越来越好。

举个例子来说，每天早晨，妈妈从来不去菜场买菜，这是因为早晨的蔬菜是最新鲜的，价格也比较贵。她会等到傍晚的时候再去菜场买菜，这个时候菜虽然有些蔫，但是营养价值并没有降低。所以妈妈总是能够花最少的钱买到最多的蔬菜。有的时候，得知某个地方的肉价比较便宜，妈妈哪怕只买半斤肉，只能省一两块钱，也会去更远的地方购买。很多年轻的妈妈都喜欢买化妆品，买漂亮的衣服，但是妈妈在几年的时间里都没有给自己买过新衣服。正是妈妈省吃俭用，爸爸才有了创业的第一桶金。用几千块钱的积蓄开了一家小小的快递站，又奋力打拼，才能使生活过得越来越好。

得知爸爸妈妈曾经吃过这么多苦，小雨非常感动。她对妈妈说："妈妈，我也要和你一样精打细算。"妈妈点点头，对小雨说："金山银山也禁不住花钱如流水，所以不管我们有多少钱，都要保持艰苦朴素的作风，这样等到需要用钱的时候，我们才有积蓄可以用。"在妈妈的引导下，小雨也不盲目地跟风消费了，再也不盲目地与同学攀比了。她只买自己需要的东西，也总是买性价比最高的东西。看到小雨家境那么好，却穿着朴素，同学们也都非常喜欢她，小雨反而因此获得了好人缘呢！

金钱从来不会从天而降，每个人要想节约金钱，就必须精打细算。如果总是花钱如流水，那么即使有再多的钱，也不能节省下来。在小雨父母发家致富的过程中，妈妈的精打细算、勤俭节约起到了重要作用，否则，作为一贫如洗的农村人，他们如何能够在城市里立住脚，又如何能够拿出积蓄来做小本生意呢？所以，要想培养女孩具有理财的意识，除了要想办法多赚钱之外，还要想办法多攒钱。尤其是在买东西的过程中，切勿因为钱少就不计较，每一分钱都是我们辛苦挣来的，也是我们辛苦积攒下来的，我们如果能够花最少的钱买到最好的东西，何乐而不为呢？

要想做到合理消费，女孩就应该坚持做到以下几点。

首先，购买最高性价比的商品。很多女孩买东西的时候图便宜，只买价格低的东西，如果东西虽然价格便宜，但是质量却不好，那看似是省了钱，却因为商品质量有问题，反而会花费更多的冤枉钱。我们所说的性价比指的是商品的质量与价格兼顾，如果我们能够花更少的钱买到质量更好的商品，那么我们所购买的东西就能使用更长的时间，这样也就无形中起到了省钱的作用。

其次，可以了解各大超市或者卖场打折购物的时间点。如果借助于这样的机会去买一些大件商品，还是能够节省很多钱。此外，需要日常生活用品的时候，也可以趁着店里进行打折促销活动的时候购买。

很多面包店里的面包都是新鲜现做的当日面包，但是他们很难在当天就把所有的面包卖出去，所以每天傍晚的时候，他们会把这些面包捆绑销售，打折促销。在这种情况下，购买这些面包作为第二天的早餐是完全没有问题的，面包的质量和口感都不会有任何影响。

在购买衣服的时候，也可以选择反季节购买。我们没有必要非要穿当季最时髦的衣服，如果能够反季节购买衣服，那么我们就能以更低的价格买到更好的衣服，这样就达到了省钱的目的。

最后，买东西要物超所值，如果盲目地追求高消费，追求品牌，而忽略了自身的经济承受能力，女孩就会在不知不觉间变成"负翁"一族。作为女孩儿，一定要根据自己的经济实力量入为出。

俗话说，看菜吃饭，量体裁衣。不管我们想要达到怎样的消费水准，都要以自身的经济实力为基础。如果我们总是在消费的时候忽略自身的经济能力，那么我们就会因此而陷入经济困窘的状态。

财商很重要

在大山深处，有一个小小的村庄，村庄里生活着很少的人。这个村庄生活条件很艰苦，吃水只能靠储存雨水，除此之外没有水源。如果很长时间不下雨，那么，村子里的人就必须到很远的地方从水潭里取水，这使得生活极其不便。尤其是地里的庄稼，因为没有水源灌溉，所以纯粹是靠天吃饭生长的，因而大家都在祈祷能够风调雨顺。为了解决村子里的人吃水的问题，村长想出了一个办法。他让村子里的两个年轻人每天都负责给村子里供水，每一桶水给他们很少的钱。和村子里很多人只能靠种地生存不同，这两个年轻人有了收入来源，感到非常开心。

得到这份好工作之后，两个年轻人马上就展开了行动。一个年轻人乔治每天都挑着水桶去远处的水潭里取水，然后储存在村子里一个巨大的容器里。另一个年轻人比尔呢，他虽然也和乔治一起去取水，但是他一边取水一边还想着很多事情呢。乔治为村民挑水赚了钱，就去小酒馆里喝酒。比尔赚了钱却全都积攒起来，因为他有一个不成熟的想法：修水道。

得知比尔这个想法，乔治感到很不可理喻。他嘲笑比尔："我们取水的地方距离村子足足好几里地呢，怎么可能修水道呢？即使能修，也需要耗费漫长的时间。我建议你啊，最好像我一样每天都给大家取水，每天都能赚钱。日积月累，咱们肯定比别人更有钱。"听到乔治的话，比尔不以为然，他开始计划修水道。每天，乔治在给村子里送了几趟水之后，拿着钱开开心心地去酒馆里喝酒，比尔却在辛辛苦苦地开水渠。看到比尔这么辛苦，不仅乔治嘲笑他，村子里其他人也嘲笑他，都认为比尔是在白费力气。

大概一年多过去了，比尔的水道修好了。他只要打开开关，水就会流到村子里，然后他把这些水卖给村民。从此之后，比尔坐在家里就能赚很多钱。乔治呢？随着比尔的水道修好，他也失业了，因为每个人都想喝到新鲜的水。

看到赚钱的好机会，比尔没有满足，他意识到大山里还有很多村子都和他们村一样没有水源，如果他能够把水道修到那些村子里，那么他的生意就会越做越大。最终，比尔找来大山之外的人进行投资，和他合伙修建了四通八达的水道，不但造福了百姓，他自己也赚取了大量金钱。

和乔治相比，比尔的财商非常高。乔治只要眼前赚取的这点钱就感到非常满足，虽然比尔的初衷也是为了赚取更多的金钱，但却切实解决了住在深山老林里的村民们用水的问题。与此同时，也让村民们种的庄稼有了更好的收成，大大改善了村民们的生活条件。

俗话说：授人以鱼，不如授人以渔。这告诉我们，给他人鱼，不如教会他人捕鱼的方法。在这个故事中，比尔与乔治的区别正在于此。如果说乔治是在每天捕鱼，那么比尔则是在寻求一个更长久的生财之道。虽然这需要他投入更多的时间，付出很多的经济成本，但是这样的投资却是非常值得的。

现代社会中竞争特别激烈，作为现代人，要想获得更多的金钱，只靠着辛苦的劳作已经远远不够了。如果手中有钱，我们完全可以凭着高财商以钱生钱，从而让自己获得更多的生财之路。与此恰恰相反的是，如果一个人财商很低，没有更多的途径去赚取金钱，而只能靠出卖劳动力来勉强维生，那么随着年纪越来越老，体力衰弱，他们获取金钱就会变得更加艰难。

有计划地支配零花钱

小雅每年过年都能从家人那里得到几千元的零花钱。所以每到过年，就是小雅最开心的时候。拿到零花钱之后，小雅总是很快就挥霍一空，她会买自己平日里舍不得买的进口巧克力，还会买很多看起来好玩却没有实用功能的玩具，也会买一些喜欢吃的零食。总而言之，她花钱毫无节制，往往春节还没有过完呢，她就已经把零花钱花完了。等到了开学需要买学习用品时，她却要张口跟妈妈要钱了。

小雅小时候，爸爸妈妈没有引导她管理零花钱。现在，看到小雅每年都得到很多零花钱，但是却不懂得支配，爸爸妈妈不由得发起愁来。经过商议，爸爸妈妈对小雅说："小雅，以后可不能随意地花零花钱了。这些零花钱都是长辈给的，长辈的钱也得来不易呀。你应该把零花钱花到真正需要的地方。"

小雅想了想，说："那要不今年我就用零花钱买个iPad吧，反正我一直跟你们要iPad，你们都不愿意给我买，我用零花钱买，你们也无话可说吧。"妈妈对小说："虽然你是用零花钱买，但是也不能完全自作主张。iPad特别伤眼睛，如果总是用视力就会严重下降，到时候你每年的零花钱只怕都得用来配眼镜了。"听到妈妈的善意提醒，小雅陷入了沉思。

这时候，爸爸赶紧在一旁帮腔："我们小时候，零花钱特别少，都是省着花。有的时候到了新的一年过年了，零花钱还没花完呢。对于这些零花钱，要是好好支配，一定能够派上大用场。小雅，爸爸希望你能制定一个零花钱的计划表，因为以后爸爸妈妈不会负担你所有的开销了。既然你每年都有这么多零花钱，我们只会负担你的一部分开销，有些钱你是需要自己承担的。例如，你可以把零花钱积攒下来，等到学期中需要补充文具的时候，用来买文具。当然，如果金额比较大，爸爸妈妈也会给你报销一部分。"看到自己平时每年都能够自由自在地花钱，现在却要受到约束，小雅很不情愿，但是她也知道爸爸妈妈是说到做到的，所以她当即对自己的零花钱进行了计划。

今年过年，小雅收到了5000元零花钱，她准备让爸爸妈妈帮她储存3000元。在剩下的2000元零花钱中，她在春节的时候会用800元左右，因为她计划买一件自己心仪已久的大玩具，然后，把剩下的1200元用来贴补每个月的零花开销，这样小雅每个月都有100元钱充入零花钱，而每个月的零花钱会更充足。以前，小雅常常为自己每个月的零花钱不够花而烦恼，现在她虽然不能在春节期间大手大脚地花钱了，却为自己每个月都多了100元零花钱而感到非常开心，最重要的，她还有积蓄了呢！

对于小雅来说，如果不能合理支配零花钱，非但会浪费很多金钱，还会使自己在消费方面漫无目的。相信在爸爸妈妈的引导下，她对于零花钱会有更精细的计划和更加合理的安排。

很多孩子的零花钱都是从父母和长辈那里得来的，现在家家户户的生活条件都更好了，所以在给孩子零花钱的时候，往往非常大方。尤其是逢年过节的时候，孩子们会得到很大的一笔压岁钱。对于这笔压岁钱，如果不能做到合理开销，孩子们就会把钱都浪费了。有些孩子在家庭生活中，还会帮父母做一些家务，也会赚取一些零花钱。总而言之，在引导孩子对大额的压岁钱进行合理安排之后，父母还要引导孩子对零花钱进行一定的安排，这样孩子渐渐地就会知道金钱的可贵。

很多孩子都没有金钱的意识，因为他们从小衣食无忧，生活上并没有捉襟见肘的情况。此外，他们也不知道父母赚钱有多么辛苦。为了让孩子认识到金钱的来之不易，也为了让孩子少浪费金钱，很多父母会把孩子的所有压岁钱都保存起来，而且平日里很少会给孩子零花钱。其实，这对于培养孩子的金钱意识，引导孩子合理地消费金钱，都是极其不利的。曾经有调查机构经过调查发现，很多孩子都会把大部分零花钱用于购买零食，尤其是女孩子购买零食的花费会更多，男孩则更多地把零花钱用于购买各种电脑和游戏配件。

总之，绝大多数孩子花钱都非常随意，并没有真正地做到计划开销，这与孩子们的理财观念淡薄，对金钱没有意识，消费行为盲目，都是密切相关的。父母应该从小引导孩子合理地支配那些小额的财富。当孩子能够合理地消费零花钱之后，父母还可以引导孩子把消费与储蓄结合起来，从而循序渐进地培养孩子的理财意识。只有让孩子从小形成理财意识，学会合理支配零花钱，孩子才能真正地开启财富的大门。

具体来说，女孩应该如何做才能管好零花钱呢？

首先，孩子应该形成正确的金钱观，对金钱有所认知，金钱是父母辛辛苦苦赚来的，所以要感恩父母，也要更加珍惜金钱。

其次，孩子要学会控制自己的欲望。人的欲望是无穷无尽的，很多人为了满足自己的欲望，会提出很多不合理的请求，进行冲动的消费。其实，有些孩子之所以购买那些奢侈品，是为了与同学进行攀比，也有一些孩子受到了同学的不良影响，会出现过度消费的行为，这些都是要及时进行正确引导的。

再次，要培养孩子储蓄的好习惯。如果孩子不能从小养成储蓄的好习惯，随着不断成长，他们就会养成花钱如流水的坏习惯。如果孩子从小习惯了所求无度，就会给父母造成很大的经济压力。等到孩子长大，开始自己赚钱安排自己的生活了，他们这样花钱如流水的习惯就会使他们成为不折不扣的"月光族"，不但无法积攒出人生中的第一桶金，而且还有可能成为"大负翁"呢。

最后，引导孩子做到合理消费，让孩子养成精打细算的好习惯，坚持购买性价比更高的产品。很多孩子在买东西的时候从来不会货比三家，而是凭着心意想买什么就买什么，这使得他们买东西的时候非常随意。如果孩子能够在消费的时候追求更高的性价比，那么就能节约一部分金钱。

在家庭生活中，为了培养孩子的金钱意识，培养孩子消费的好习惯，父母还可以让孩子亲身体验赚钱的辛苦。例如，给孩子少量的零花钱。如果孩子需要更多的零花钱，则需要为家里做一些家务，或者利用假期的时间打工，这样才能得到收入，这样孩子就会知道赚钱不易，也就会有意识地合理安排零花钱，从而起到提升财商的良好作用。

学理财，宁早勿迟

静静正在读初一，家里的经济条件非常好，又因为家里只有她一个孩子，所以父母在金钱消费方面从来不对她加以限制。在父母和长辈的宠溺之下，静静从小就非常任性，花钱如流水。有的时候，父母拒绝了她的请求，她就会哭闹不止。每当这时，爷爷奶奶或者姥姥姥爷马上就会表示妥协，无条件地满足静静的欲望，这使得静静对于金钱的消费需求越来越大。

静静的好朋友晓晓是一个精打细算的女孩。虽然晓晓也是家中的独生女，家庭经济情况很好，但是父母从小就注重培养晓晓的理财意识，树立晓晓的金钱观念，也有意识地引导晓晓更合理地安排金钱。这使得晓晓从小就养成了勤俭节约的好习惯。最重要的是，晓晓对于自己的金钱安排得非常合理，她不但把一部分钱用来购买理财产品，把一部分钱用来储蓄，而且还会把一部分钱投资给父母，让父母帮助她赚钱。与此同时，她还留了一部分钱作为日常开销的补充，精打细算，细水长流，日子过得非常滋润。

静静的父母和晓晓的父母不仅认识，还是非常要好的朋友呢，这使得静静和晓晓的关系也很好。她们从小在一起长大，彼此非常熟悉和了解。又因为上同一所学校，所以她们的关系越来越亲近。看到静静在金钱方面如此不开窍，花钱总是大手大脚，妈妈决定让静静向晓晓学习理财。

静静一开始非常抵触理财，但是当看到学校里需要捐款的时候，晓晓不用跟父母商量就捐出了1000元钱，得到了所有同学的赞许时，她非常羡慕。她也想捐1000元钱，但是她必须跟父母要。父母毅然拒绝了静静的请求，只给了她100元钱。父母不是舍不得捐款，而是想让静静知道金钱的重要。果然，父母的这次拒绝促使样静静下定决心跟着晓晓学习理财。在晓晓的帮助之下，静静这才意识到自己挥霍和浪费了多少金钱。

有一天，静静和晓晓一起去超市里购物，因为她们周一要去春游。静静看到什么就买什么，很快购物车里就满了。晓晓呢，她事先拟定了一个购物清单，进了超市之后并没有四处闲逛，而是照着购物清单，快速地选购了自己需要的东西。结算的时候，静静花了300多元，而晓晓只花了80元就把所有的东西都买齐了。看到晓晓一下子就节省了200多元，静静非常羡慕。后来，静静也学会了晓晓的消费方式，提前拟定购物清单，再也没有出现过这样大肆购物的情况。

朋友的影响力是非常大的，随着有意识地向晓晓学习，静静在金钱消费方面有了很大的改变。有一天，父母惊喜地发现，静静竟然有了一本存折。虽然静静的存折上只有几百元钱，但是对于向来只会超支消费的静静而言，这可是巨大的进步啊！

俗话说，近朱者赤，近墨者黑，和好的朋友在一起，孩子们总会学习很多东西。如果和不好的朋友在一起，孩子们就会受到负面影响。最主要的是，对于青春期的女孩来说，她们很愿意和同龄人相处，所以同龄人对她们的影响是很大的。当孩子在理财方面出现困惑的时候，父母可以引导孩子向同龄人学习，这样孩子才会积极地改变。

现代社会中，很多家庭里都只有一个孩子，使孩子从小就娇生惯养，不知道金钱得来不易。虽然父母和长辈为孩子提供了最好的成长条件，但是这对于孩子的成长是不利的，所以父母要有意识地让孩子学会节约金钱，也要有意识地让孩子知道金钱得来不易，从而培养孩子的财商，提升孩子合理消费金钱的能力。

在培养孩子的理财习惯时，父母还要注重同龄人的力量。孩子有的时候也许会对父母的说教表示抵触，但是对于同龄人的榜样作用，他们却不会心怀抵触，这是因为孩子发自内心地认可身边的人，所以父母要发挥榜样的力量。

当然，父母也可以有意识地为孩子报名参加一些理财培训班，例如，现在网络上有很多在线的培训班，只需要花费很少的钱就可以对孩子进行理财知识的普及，这对于孩子而言同样是一种学习。

父母切勿认为孩子还小，没有财产意识，就忽略对孩子理财意识的培养。孩子哪怕零花钱再少，也可以合理安排和利用金钱，从而使金钱的效率最大化。尤其是未来孩子总有离开父母的身边独立生活的时候，他们终究要学会独立过日子，才能更好地安排自己的生活。所以理财对于孩子而言，不管是有钱的孩子还是没钱的孩子，都是非常重要的，父母一定要引起重视并对孩子加以引导。

当"月光族"一点儿也不时髦

小秋正在读高中，因为家距离学校比较远，所以她选择了寄宿。从小，父母就特别疼爱独生女小秋，所以他们生怕小秋在学校里吃不好，因而给了小秋很充裕的生活费。在小秋离家之前，爸爸妈妈还再三叮嘱小秋："在学校里吃饭不要心疼钱，如果学校里的饭食不好，只要能出校门，还可以去学校门口的饭馆里点菜吃。钱不够了，再跟爸爸妈妈要，爸爸妈妈一定让你吃好喝好。"

和班级里其他同学相比，小秋每个月1000元的生活费已经非常充裕了，毕竟她家所在的地方是一个普通的地级市。最重要的是，爸爸妈妈每个月还给小秋代缴手机费，所以这1000元纯粹是给小秋吃饭用的。有的时候，小秋两个星期回一次家，爸爸妈妈还会给她带很多生活用品，所以小秋的钱只用来吃饭。就在爸爸妈妈以为小秋的钱根本花不完的时候，小秋只过了半个月就没有生活费了，因而又跟爸爸妈妈要钱。

听到小秋短短半个月的时间就吃了1000元钱，爸爸妈妈感到很惊讶。爸爸原本想和小秋聊一聊，妈妈却阻止爸爸说："孩子住校本来就吃喝不舒服，你再限制她花钱，她不更难受了吗？"爸爸只好先暂时隐忍。让他们没有想到的是，小秋拿到第二个1000元之后，才过了十天就花完了。看到小秋花钱大有愈演愈烈之势，妈妈也不再阻止爸爸了，他们一致决定找个机会跟小秋好好聊一聊。

经过了解，妈妈才知道小秋每天花钱都毫无节制，经常去学校门口的菜馆里点一些大菜，因为她一个人吃不完，所以吃不完的菜就扔掉了。看到小秋这样子，妈妈想起了外甥女小杨。小杨也是一个从小娇生惯养的女孩，大学期间每个月都要花很多生活费，大学毕业后，虽然每个月能赚5000多块钱，但是除掉房租，赚的钱根本不够自己吃饭的。现在，小杨已经毕业一年多了，每个月还是需要爸爸妈妈支援她很多钱。妈妈想道：我可不希望小秋以后也变得和小杨一样，所以我还是先对小秋进行理财教育吧！

爸爸和妈妈都意识到问题的严重性，当即就对小秋进行了理财教育。小秋从小花钱就毫无节制，现在却被要求节省着花钱，一开始感到很难受。但是在爸爸妈妈循序渐进的引导下，她终于能够把每个月的生活费控制在1000元左右了，这可是大大的进步啊！

女孩们还小，现在只需要靠着父母给的生活费，保证自己在一定时期内吃饭无忧就可以，但是随着渐渐长大，她们终将走向社会，也终将独立面对生活。如果花钱依然毫无节制，总是漫无目的地消费，那么在遇到紧急情况的时候，手中就没有任何积蓄可以应急。现代社会中，很多年轻人都是不折不扣的月光族，有些年轻人不仅是月光族，还是啃老族，因为他们花光了自己的薪水，日子无法继续下去，就只能向父母要钱。在这样的情况下，日渐年迈的父母当然会感到不堪重负。

其实，孩子之所以成为月光族，与父母的教育是密切相关的。太多的父母都和小秋的爸爸妈妈一样，看到孩子离开家去上学，生怕孩子吃不好穿不暖，所以在金钱上对孩子毫无节制。日久天长，孩子就会养成大手大脚花钱的坏习惯。父母疼爱孩子，就要为孩子考虑深远，要想到孩子有朝一日终究要独自生活，所以必须合理安排金钱，才能过得更好。如果不能对金钱加以合理计划，坚持理性消费，那么他们在金钱方面就会面临很大的困境。所以从某种意义上来说，父母现在对孩子毫无节制地爱，反而是对孩子的害。父母一定要有意识地让孩子学会理财，也要让孩子从小就学会精打细算，这样才能避免孩子成为月光族和啃老族。

需要注意的是，所谓理财并不是说孩子要省吃俭用。父母给孩子金钱，让孩子安排好自己在一定时期内的生活，并不是说孩子每顿饭只能吃馒头咸菜，而把省下来的钱用于理财。孩子正处于长身体的时候，保证充足合理的营养很重要。让孩子学会理财的意思是，让孩子在保证自身摄入充足营养的情况下，尽量均衡地开销，实现收支平衡。也就是人们常说的，要把好钢用在刀刃上。

因而，我们要求孩子要把金钱花在该花的地方。很多女孩花金钱毫无节制，总是用钱买一些可有可无的东西，大手大脚，花钱如流水，这使得她们养成了糟糕的花钱习惯。在花钱的时候，如果能够有所节制，根据自己的经济条件有计划地进行消费，那么相信女孩渐渐地不但能够保持收支平衡，还能进行合理储蓄呢，这当然是更好的。具体来说，女孩要做到以下几个方面：

首先，女孩要学会看菜吃饭，量体裁衣，做到量入为出。所谓收支不平衡，指的是人的收入比支出少，支出超过了收入，这样就会导致出现负债的情况。女孩要尽量避免这种情况的出现。现代社会中，很多人都追求物质享受，尤其是有些经济实力的人，还会买很多奢侈品。女孩不要盲目地与他人攀比，而是要知道自己只有更好地保持理性消费，才能有所结余，或者至少达到收支平衡。每个女孩赚钱的能力是不同的，所以女孩还要根据赚钱能力、经济收入的水平不同，坚持理性消费。

其次，要制订合理的消费计划和储蓄计划。虽然说钱不是省出来的，而是挣出来的，但是进行储蓄是非常重要的。女孩即使赚再多的钱，如果没有储蓄的意识，也就不能积攒人生中的第一桶金，更不能启动人生很多重要的计划。

再次，养成记账的好习惯。很多女孩花钱从来不会算计，事先没有计划，事后也没有记账的习惯。往往一段时间下来，对于自己把钱花到哪里去了，根本无知无觉，甚至想要看看自己的消费有哪些地方可以节省，有哪些地方是必须的，都无从下手。俗话说，好记性不如烂笔头，对于女孩而言，一定要准备一个记账本，对于自己的每一笔开销都详细记下来，这样才能对自己的消费做到心中有数。随着记账进行的时间越来越长，女孩还能够节省那些不必要的开销，从而进行合理储蓄。

最后，留足备用金。生活中总是充满了各种各样的意外，有的时候疾病会突然来袭，偶尔也会突然发生一些紧急的情况。如果没有紧急储备金，那么当事情发生的时候，就会非常抓狂，所以女孩一定要为自己留一笔应急金，这样在突然有事情发生的时候，至少不需要为了金钱而发愁。

当然，让女孩不当月光族并不是让女孩当守财奴，金钱的意义就在于合理地消费和使用，只要把钱用在该用的地方，金钱就产生了最大效力。所以我们要适度消费，合理安排，这样才能让金钱为我所用，也才能用金钱提升生活的水平和品质。

打造金钱的"记忆"

乔丽很小的时候就认识到一点，那就是她家没有存款，这是因为她的妈妈对于金钱缺乏概念，每当家里有了大笔金钱收入的时候，妈妈就会很快地把这笔钱花掉，而只留下生活所需。因为爸爸每个月都会领取工资，所以妈妈花钱的日子就按照爸爸领工资的日子来确定。在乔丽印象中，家里的生活往往是上半个月非常富裕，到下半个月就捉襟见肘，一家人都变成了贫穷的乞丐。因为从小养成了这样的生活习惯，所以等到自己开始工作，独立生活的时候，乔丽也陷入了这样的困境之中。

虽然乔丽每个月的薪水并不低，但是她却很少能够攒下钱来。与她恰恰相反的是，公司里有几个女孩的收入都比乔丽低很多，但是这些女孩到年底的时候都有所积蓄。看到这些女孩拿着积蓄高高兴兴地回家过年，乔丽羡慕极了，她决定从新的一年开始，自己每个月也要储蓄一定的金额。她为自己准备了一个专门的储蓄卡，每个月都会往这些这张储蓄卡里存一笔钱。对于这张储蓄卡，乔丽虽然常常想用，但每次她都努力控制住自己。经过一段时间的储蓄，乔丽终于有了几万块钱，她兴奋不已。

让她感到惊奇的是，随着她储蓄的金额越来越高，她工作的状态也越来越好。例如，此前乔丽很排斥出差，因为她觉得出差很辛苦，既要舟车劳顿，又要住酒店，吃也吃不好，睡也睡不好。然而自从开始储蓄之后，乔丽很积极地争取出差的机会，因为出差有高额补助，这使她的储蓄变得更为容易。此外，对于工作上那些艰巨的任务，乔丽也不再抵触，而是积极主动地承担起来。随着乔丽储蓄达到了一定金额，她在工作上也做出了很出色的成就，居然获得了升职加薪的机会，这可真是个意外的惊喜啊！

金钱是有记忆的。在原生家庭中，父母对于金钱的安排和消费情况，对于孩子有很大的影响。如果孩子从小就认为父母消费金钱的方式是正确的，那么他们不知不觉间就会重走父母的老路。所以父母在消费金钱的时候，要有意识地给孩子树立良好的榜样。

当对待金钱的态度和安排金钱的方式发生改变之后，我们对于金钱的追求也会发生相应的改变。这是因为我们对金钱的需求、理解和认知都变得完全不同。当然，要想赚取更多的钱，只凭着美好的期望是远远不够的。金钱既然是有记忆的，那么我们就要改变金钱不好的记忆，打造金钱良好的记忆，这样金钱才能向我们滚滚而来。

对于普通的老百姓而言，虽然并没有那么多的金钱和理财渠道可以做到以钱生钱，但是做到计划消费、合理储蓄是完全可行的。尤其是在如今的时代里，投资的渠道多种多样，适合拥有不同金钱额度的人进行投资理财。所以除了可以买彩票、买股票之外，还可以购买基金等。如果有某些特殊的兴趣爱好，还可以投资邮票、艺术作品等，这些都是非常好的方式。

在打造金钱记忆的过程中，我们还可以形成强大的财富气场。众所周知，气场具有很强的吸引力，当我们的财富气场逐渐成型，就会吸引更多的金钱和财富来到我们的身边。这样一来，我们自然能够成为金钱和财富的主人。作为女孩，虽然现在还没有很多的金钱可以作为理财之用，但是却要有投资理财的意识。

第十章

有出息的女孩都有好人缘，朋友相伴行走天涯

现代社会，如果总是孤家寡人、独来独往，那么在面对很多艰巨的任务时，就无处求助，而且也得不到助力，这显然是不利于获得成功的。既然如此，有出息的女孩就要致力于打造自己的社交网络，让自己结识更多的人，也让自己拥有更多的出路。

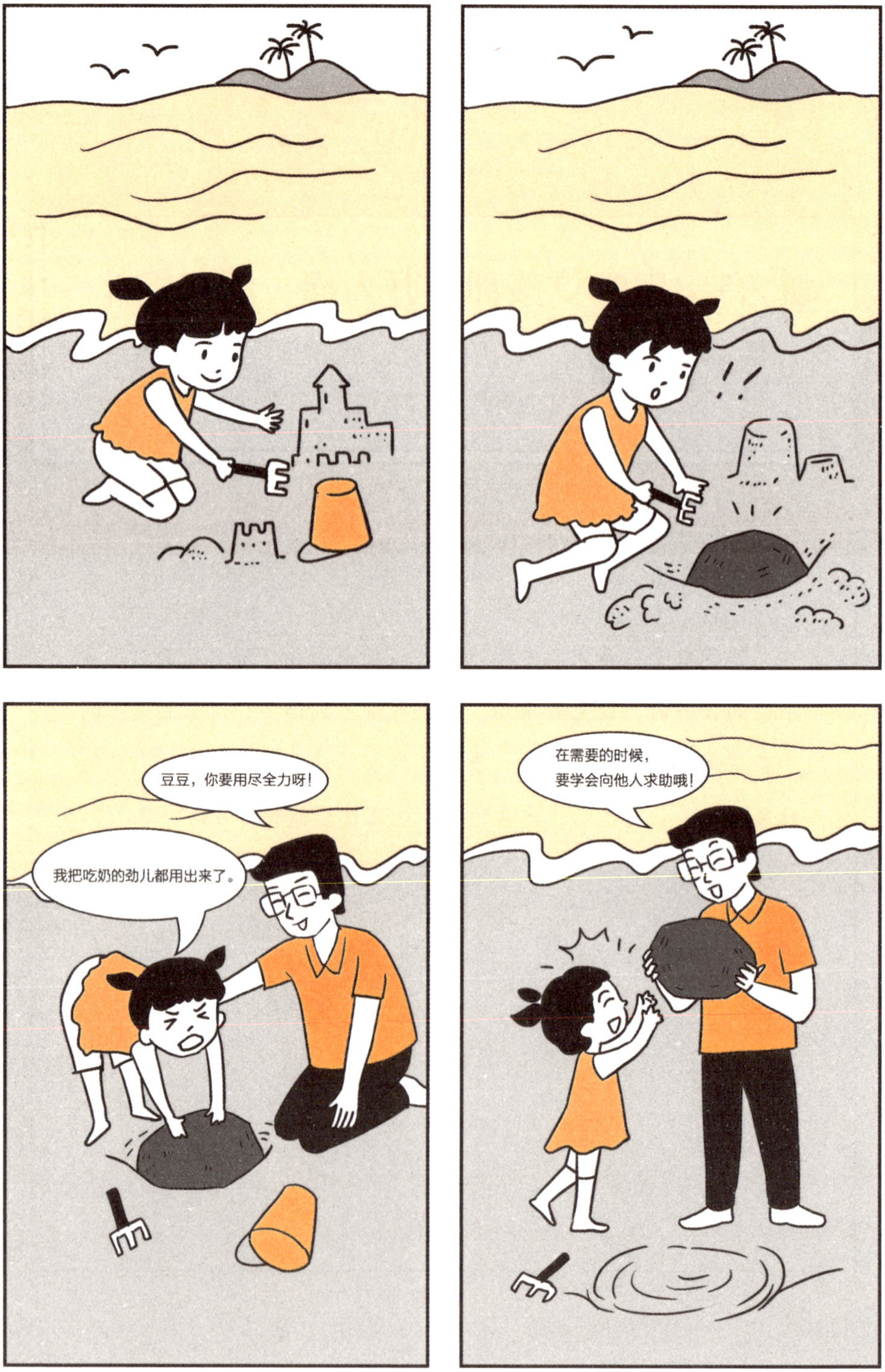
豆豆，你要用尽全力呀！
我把吃奶的劲儿都用出来了。
在需要的时候，
要学会向他人求助哦！

有人相助是幸运

周末，爸爸带着豆豆去海边玩，因为豆豆最喜欢在海边挖沙了。这天和往常一样，爸爸带豆豆来到海边之后，就在一旁看着豆豆挖沙。豆豆呢，则依然兴致勃勃地拿着铲子开始挖各种各样的造型。她一会儿挖出一个沙坑，一会儿堆出一个沙包。突然，她奇思妙想，想要挖一个巨大的沙坑，用沙子挖出一个小池塘来。这的确是一个好主意，随着她把沙坑挖得越来越深，沙坑的底部渗出海水来，这简直太神奇了。看到豆豆干得兴致盎然，爸爸也饶有兴致地在一旁观看。正在这个时候，豆豆的铲子突然碰到了一块坚硬的东西。豆豆挖呀挖呀，终于发现这是一块石头。看起来，这块石头很大，只露出一个小小的部分，就已经很大了。豆豆没有气馁，继续沿着石头的周围向下挖去。很快，石头露出一半儿，这一下子可以把石头抱走了。她撅起屁股，用肥嫩的小手使劲地想要移动石头，但是尝试了很多次，都失败了。有一次，她还因为用力太猛，把手指蹭破了。她伤心得哇哇大哭起来。这个时候，爸爸提醒豆豆："豆豆，你要用尽全力呀！"豆豆委屈地哭喊道："我的确已经用尽全力了，我把吃奶的劲儿都用出来了。"爸爸忍不住笑起来。

这个时候，爸爸提醒豆豆："我说的用尽全力不仅仅指你自己的力量，要知道，有的时候你也可以借助他人的力量去做成一些事情呀！"豆豆疑惑地问爸爸："他人？但是这里没有其他小朋友呀！"爸爸哈哈大笑起来："不仅小朋友可以帮你，爸爸也可以帮你呀！你如果向我求助，我会很乐于帮你的。"豆豆恍然大悟，赶紧向爸爸求助。这个时候，爸爸从沙坑的边缘轻而易举地就把石头搬走了。看到爸爸的力气这么大，豆豆欢呼雀跃起来。爸爸借机再次提

醒豆豆："豆豆，在需要的时候，要学会向他人求助哦！如果能够得到他人帮助，对你而言的难题就会迎刃而解了。"

一个人的力量毕竟是有限的，对于四岁多的豆豆而言，哪怕她真的用出全力，也无法把那块大石头搬走。所以每个人要想让自己变得更加强大，就要学会借助于他人的力量。在此过程中，我们有可能只是借助他人的力量，也有可能是得到他人的鼎力相助。总而言之，这对于我们战胜困境、解决问题都是大有好处的。

人是群居动物，在人群之中生活，没有人能够离群索居，完全靠自己的力量应对生活的各种问题。尤其是在遭遇各种困境的时候，如果不懂得向他人求助，而只顾埋头苦干，那么效果往往会非常糟糕。

作为女孩，自身的力量当然是有限的，又因为女孩身体的力量相对比较弱，所以在面对很多体力活的时候，往往没有男性那么强壮有力。在这种情况下，女孩更是要学会求助，除了要在力量上借助于他人的帮助之外，在解决很多事情的时候，女孩还可以有意识地结识那些有可能在机缘巧合下帮到我们的人。这并不是说女孩要阿谀逢迎，主动攀附权贵，而是说女孩要认识到他人对于自己的重要性，也要有合作的意识。

人们常说，独木不成林，这就告诉我们一棵树是成不了树林的，只有一片树长在一起，才能成为一片树林。当女孩初入社会的时候，一定要懂得借力，毕竟一个人的力量总是有限的。在学会借力之后，女孩就可以融入团队之中，获得团队的力量，这对于女孩而言当然是一种蜕变。

看到这里，也许有些女孩会说，我们需要向他人借力，这是否涉嫌到利用他人或者是怀着不正常的目的接近他人呢？当然不是。这是因为我们有时候需要他人的帮助，有时候也能够帮助他人。互相帮助，我们与他人之间的关系就会更加亲近。

在现代社会中，人际关系前所未有地重要，一个人如果拥有好人缘，总是能够得到他人的帮助，这并不意味着这个人是软弱无力的，反而意味着这个人

是合格的社会人，是受人欢迎的社会人，也意味着他是很有实力的。所以，不要畏惧向他人求助，善于求助且能够得到帮助的女孩，才是最强大的。

记住他人的名字

在美国历史上，罗斯福是一位非常特别的总统，这是因为他在登上总统的位置之前，因为患上了小儿麻痹症，所以不得不坐在轮椅上。但是这没有击垮他，即使面对如此沉重的打击，他依然按照计划参与到竞选之中。最终，他凭着独特的魅力，获得了最高的选票，成为了白宫新一届的主人。其实，罗斯福之所以能取得这样的成功，并不是因为他拥有显赫的家世背景，而是因为他有一个得力助手——基恩。正是在基恩的大力辅佐下，罗斯福才能做出伟大的成就。基恩是一个命运坎坷的人，并没有受到很多教育，之所以能成为罗斯福的左膀右臂，与他的特别能力——记住他人的名字密切相关。

在基恩小时候，有一天，父亲要去马棚里把马牵出来遛马。然而，那匹马因为很久没有运动，情绪很暴躁。当基恩的父亲来到饮水槽的旁边时，那匹马突然双腿腾空，原地打转。基恩的父亲来不及退到安全的地方，就被这匹发狂的马踢死了。

基恩就这样失去了父亲，他和其他两个兄弟不得不依靠母亲的照顾成长。父亲并没有给他们留下什么财产，只有几百美元的保险而已。对于他们的困境来说，这简直是杯水车薪。

只靠着母亲一个人努力劳作，是无法真正养活三个孩子的。在这样的情况下，作为老大的基恩不得不辍学四处干活。他深知家庭遭遇了不幸，所以他非常辛苦努力地工作。因为从来没有读书，他的人生发展道路非常坎坷。但在各种因素的交错作用之下，他终于有机会参政了。说起来，他在学识方面并不比别人占据优势，但是他却有一个奇异的能力，那就是他能够记住很多人的名字。

曾经有记者采访基恩，问他为何能够获得成功，基恩说自己非常勤奋。记者对于基恩的回答显然不满意，他希望基恩能够给出诚恳的回答。然而基恩认为，自己除了勤奋之外，并没有特别突出的优点。这个时候，记者问基恩："我听说你能记住一万个人的名字。"基恩当即纠正记者的话，他说："不，我能记住五万人的名字，你说的数字远远低于这个数字，是不符合事实的。"简直难以想象，基恩居然能记住五万人的名字。正是因为这个特别的能力，他才成为罗斯福的得力干将。

记住他人的名字听起来没有什么可骄傲的，因为很多人都能记住他人的名字。但是，几乎没有人能像基恩这样记住五万人的名字。对于记住他人的名字，很多女孩也许不以为然，她们认为名字就是一个代号，并不需要特别记忆，因而哪怕记住名字也没有什么了不起的。对于那些见面次数不多的人来说，当我们亲热地叫出他们的名字，他们一定会和我们变得更加亲近。此外，记住他人的名字就相当于赞美他人与众不同，这会帮助我们给他人留下深刻的印象。

众所周知，人都是趋利避害的，人人都想得到赞美和认可，人人都不想被批评和否定。所以，记住他人的名字至关重要，这代表着我们对他人印象深刻，也代表着我们尊重他人。与此恰恰相反的是，如果我们因为记性不好，总是喊错他人的名字，那么就会让他人对我们留下很糟糕的印象，甚至当即勃然大怒。虽然记住名字只是一个很小的细节，但却表现出我们对他人的重视和对他人的关注。和我们一样，他人也希望能够被记住名字，也希望自己被深刻地记住，所以一定不要把他人的名字彻底忘记，更不要叫错他人的名字，否则我们就无法与他人之间建立良好的关系。

作为女孩，一定要记得他人的名字，表现出对他人的尊重与友好。很多朋友之间从陌生人到相识再到熟悉，正是因为彼此都记住了对方的名字，给对方留下了良好的印象，所以才能够顺利地发展友谊。女孩要想拥有良好的人际关系，要想结交更多的朋友，就要记住他人的名字，虽然和很多其他讨好别人的方式相比，记住名字是最简便易行的，而且并不需要付出什么，但是效果非常好。所以我们要牢牢地记住他人的名字，也让记忆把友情发酵，对我们与他人之间的关系起到强大的推动作用。

学会倾听，沟通水到渠成

弗兰克是美国新闻界最成功的杂志编辑之一，在新闻界，弗兰克的大名总是使人如雷贯耳。很多人以为弗兰克一定生活优渥，有良好的家境，也接受了良好的教育，然而事实上并非如此。当年，弗兰克和父母一起从荷兰移居到美国，因为家里的生活非常艰难，他每个星期天都要为一家面包店擦窗户，而薪水只有半美元；因为家里没有钱买煤烧，他每天都要去街上捡碎煤块，在如此艰难的情况下，他渐渐地长大了。

13岁之后，弗兰克就辍学了，他辛苦地做工，每个星期的薪资只有6.6美元。工作不但特别辛苦，而且工作的时间很长，他很少有属于自己的时间。即便在这种情况下，他也没有放弃学习。他省吃俭用买了《美国名人传全书》。在看了这本书之后，他产生了一个大胆的想法，即认识名人传上记载的名人。为了验证书中所记载的事情是否真实，他还写信给很多名人，询问他们小时候发生的一些事情。很多名人在收到弗兰克的来信之后，都给弗兰克回了信。例如，爱迪生、林肯夫人、戴维斯等，都曾经给弗兰克回过信。他们之中的有些人还曾经亲自见过弗兰克，他们都认为弗兰克是一个非常善于倾听的人。

在采访这些名人的时候，很多人总是迫不及待地想要得到自己想要的信息，弗兰克在见到这些名人的时候非常谦逊，而且很耐心地倾听。对于名人所讲述的事情，他一边倾听，一边详细地记下来。对于弗兰克这样的态度，这些名人都特别赞赏。后来，弗兰克因为采访这些名人而获得了快速成长，在职业生涯发展过程中获得了伟大成就。

很多人误以为真正的沟通是从滔滔不绝的讲述开始的，其实这完全是错误的，这是对沟通的误解。真正的沟通是以倾听为起点的，也可以说，在沟通的过程中，倾听是最好的姿态。一个人只有学会倾听，才能水到渠成地与他人沟通；一个人如果不会倾听，那么在与人沟通的时候就会惹人厌烦。女孩要学会倾听，才能发展良好的人际关系，也让自己变得更受欢迎。

首先，女孩在倾听的时候要非常专注。很多女孩听他人讲话往往很不耐烦，或者三心二意，实际上，我们以怎样的状态倾听他人，他人都会明显地感知到。在倾听他人的时候，我们应该放下手中正在做的一切事情，也收回自己分散的心神，做到全神贯注。

其次，在倾听的时候要及时地给他人回应。虽然我们不能打断他人的倾诉，但是在倾听的过程中，我们还是可以以眼神、各种简单的肢体动作等来给予他人回应的。例如，我们可以对他人点点头，也可以给予他人一个微笑，还可以说一些简单的语气词诸如"嗯嗯""好的""很棒"等，及时给予他人积极的回应，使他人更乐于倾诉。

再次，要管好自己的嘴巴。西方国家有句谚语，上帝之所以给每个人一张嘴巴，而给了每个人两只耳朵，就是让大家都能够做到多倾听，少倾诉。因为人人都希望向他人一吐为快，那么我们要想与他人建立良好的关系，就应该把自己的耳朵贡献给他人，认真倾听他人的倾诉。如果我们总是不能管好自己的嘴巴，总是与他人争抢着说话，那么就会给他人留下很糟糕的印象。

最后，学会抛砖引玉。例如，适时地提出一个问题，激发对方表达的欲望和灵感，这样对方就会更热衷于表达，也会滔滔不绝地倾诉。

女孩以倾听的姿态面对他人，给予对方尊重和重视，对方一定会对女孩形成好印象。在人际交往的过程中，倾听是打开他人心扉的一把钥匙，倾听也是给他人留下好印象的万全之策。我们只有坚持倾听，才能水到渠成地与他人之间建立良好的关系，也只有坚持倾听，才能与他人更友好融洽地相处。

拥有大局观

亚热带生活着很多毒蛇，毒蛇以吃青蛙为生，然而青蛙并非处于生物链的最末端，青蛙看似体型不大，却喜欢吃含有剧毒的蜈蚣。看到这里，很多人都会同情蜈蚣，但是他们一定想不到，蜈蚣是毒蛇的天敌和克星。毒蛇、蜈蚣和青蛙三者之间，互相制约，互为天敌。然而，曾经有一个捕蛇者发现，在寒冷的冬日里，这三个冤家居然可以共同生活在一起，彼此相安无事，这是为什么呢？

原来，当这三者共处一室的时候，它们之间就形成了互相牵制的关系。毒蛇不敢吃掉青蛙，因为一旦吃掉了青蛙，蜈蚣就会无所顾忌地杀死毒蛇；蜈蚣不敢杀死毒蛇，因为一旦蜈蚣杀死了毒蛇，青蛙就会无所顾忌地吃掉蜈蚣；青蛙也不敢吃掉蜈蚣，因为如果青蛙吃掉了蜈蚣，那么毒蛇就会当即吃掉青蛙。这就使得它们谁也不敢吃掉谁，青蛙利用蜈蚣来抵御毒蛇，毒蛇利用青蛙来抵御蜈蚣，蜈蚣利用毒蛇来抵御青蛙。这完全符合自然界相生相克的原理，因而形成了完美的平衡局面。

既然青蛙、毒蛇、蜈蚣都知道利用对方的天敌克制对方，那么，我们在社会生活中也应该学会权衡利弊，制约他人。尤其是在面对很多紧急情况的时候，更是要能够全方面地考量，从而做出最理性的决定。

古往今来，那些成就大事者，无一不是拥有全局观念，拥有大格局，能够掌控全局的人。当年，曹操率领大军攻打诸葛亮，诸葛亮就根据时局做出了相应的选择，那就是和东吴联合起来一起对抗曹操。从诸葛亮的这条妙计不难看出，他很善于利用自身的内部力量和外部力量相结合，从而达到巧妙平衡，也让双方都能够获得巨大利益。正是因为如此，诸葛亮才有神机妙算之称。

在现实生活中，女孩也应该学会与他人合作。例如，在学习上，女孩擅长语文，另一个同学擅长数学，那么女孩就可以教对方语文，而让对方教自己数学，从而实现共同进步，共同成长。再如，在长大进入社会后，女孩也要知道自己的长处和短处是什么，知道自己的优势和劣势是什么，这样才能扬长避短，取长补短，发挥自己的优势。

每个人最大的目标都应该是更好地生存，虽然有的时候面对竞争关系，女孩不得不全力以赴，但是这并不意味着女孩要与对手拼个你死我活。俗话说，友谊第一，比赛第二，当我们能够与对手成为最好的伙伴，我们就可以与对手之间建立更为紧密团结的关系，也能获得更好的成绩。

随着时代的发展，社会的开放程度越来越高，你死我活已经不是人们进行竞争的终极目标。不管采取哪种形式的竞争，人们最终的目标都是追求更高层次的合作，都是为了追求双赢。香港首富李嘉诚在从商这么多年里，之所以能够建立良好的口碑，通过与他人合作赚取巨大的利益，就是因为他善于让利给合作伙伴，这使得合作的伙伴对李嘉诚非常忠诚，也让李嘉诚获得了更多的发展机会。

常言道，一个篱笆三个桩，一个好汉三个帮。纵观古今中外，所有获得成功的人，并不是只靠自身的努力就能如愿以偿的。他们的成功离不开他人的帮助，更离不开他人全力以赴的鼎力相助。有的时候，我们只看到那些成功者出现在聚光灯下，得到大家的羡慕和钦佩，而没有看到他们身后的团队。其实在每一个成功者的身后，团队的合作都起到了至关重要的作用。例如，很多女孩都崇拜明星，认为明星是无所不能的，实际上明星自身的生活能力、处理各种事情的能力并不强，每个明星身后都有一个很强大的经纪人团队，都有一个能够帮他们想到方方面面的经纪人，带领整个团队为他们运作、推广。正是因为有优秀的团队，明星才能打造好自己的形象，在发展的过程中名利双收。

在现代社会的很多领域中，一个人只靠着自身的能力是不可能成为英雄的，这是因为专业分工越来越细致，这也就要求每一个从业者必须更加紧密地团结和合作，才能获得真正的成功。毕竟一个人的力量是有限的。俗话说，一根筷子被折断，十根筷子抱成团。如果把一个人比喻成一滴水，那么必须融入大海，才能拥有更强大的力量。所以每个人都应该融入团体之中，借助于团体的力量成就自己。

从这个意义上来说，女孩们在与他人相处的时候，应该更多地与他人团结协作，而不要因为嫉妒等各种负面的情绪就与他人处于对立关系。唯有积极地与他人展开合作，女孩才能以他人之长补自己之短，也才能在与他人合作的过程中发展壮大自己的力量，让自己变得更加强大，也距离成功越来越近。

学会与朋友相处

屠格涅夫和托尔斯泰是好朋友，屠格涅夫比托尔斯泰大十岁，虽然他感觉到托尔斯泰的脾气非常糟糕，性格也很倔强，但是托尔斯泰的才华横溢赢得了屠格涅夫的赏识。正是因为如此，屠格涅夫才能包容托尔斯泰，并与托尔斯泰成为了好朋友。

屠格涅夫终于完成了作品《父与子》，他感到非常兴奋，当即邀请托尔斯泰去他的庄园里，并且把自己的新作呈献给托尔斯泰看。因为刚刚吃过午饭，又因为托尔斯泰觉得《父与子》这本书并不那么吸引他，所以他躺在沙发上看着看着，居然不知不觉地睡着了。恰恰在这个时候，屠格涅夫走到客厅来看托尔斯泰，他发现托尔斯泰看着书睡着了，感到托尔斯泰很不尊重自己，因而心生不悦。

后来，屠格涅夫和托尔斯泰应邀去诗人费特的家中做客。在闲谈之间，屠格涅夫夸赞自己家的家庭老师，因为这位家庭老师教导屠格涅夫的女儿要尊重穷人，还可以为穷人缝补衣服。不想，托尔斯泰对于这位家庭教师的做法不敢恭维，他认为一位贵族的小姐为穷人缝补衣服太可笑了。就这样，屠格涅夫与托尔斯泰之间发生了严重的争执，谁也不让着谁，最终居然从互相嘲笑和讽刺，发展到动起手来。因为这件事情，他们在十七年间再也没有任何往来。

直到十七年后，托尔斯泰才主动写信给屠格涅夫道歉。让他感到惊喜的是，屠格涅夫也早已经原谅他，只剩下对他的思念。他们终于恢复了友好的交往。然而，他们才刚刚恢复友谊不久，又差点因为一件事情而再次反目成仇。那天，托尔斯泰邀请屠格涅夫一起打猎，屠格涅夫朝着一只山鸡开了一枪，托尔斯泰赶紧让猎狗去叼回猎物。但是猎狗却没有找到猎物。屠格涅夫坚持自己打中了那只山鸡，但是事实证明托尔斯泰的猎狗的确毫无所获。他们险些又因此而争吵起来，但是他们这次都学聪明了，赶紧转移话题，说起其他事情。最终，他们发现了真相，原来屠格涅夫的确打中了山鸡，只是山鸡坠落的时候正好挂在树叉上了。难怪猎狗四处寻找都毫无所获呢。得知真相之后，屠格涅夫和托尔斯泰开怀大笑。

牙齿没有不碰舌头的，人与人相处也总会发生各种各样的矛盾和争执。在与朋友相处的过程中，我们要学会化解矛盾，这样才能加深友谊。

每个人都是独立的生命个体，在与他人相处的过程中，我们不可能完全迎合他人，也不可能完全与他人达成一致。在这种情况下，如果我们非常固执，总是坚持己见，那么很容易就会与他人发生矛盾和争执。聪明的做法是学会与朋友化解矛盾，尤其是在遇到那些不重要的问题时，与其争执不休，伤害感情，不如转移话题，说一些开心的事情，等到合适的时机再来解开心中的结，这才是更好的选择。

作为女孩，在与朋友相处的时候，一定要避免无谓的争吵。人与人之间要想相处得好，就要把握一个原则，即求大同存小异。朋友之间只要志同道合，对很多事情的观念也是契合的，哪怕在细节方面有小小的不同，也没关系。最重要的是要怀着一颗宽容的心对待朋友，而不要恶意揣测。

对于朋友不同的观念，我们又该采取怎样的态度呢？如果我们认为朋友说的有道理，就采纳朋友的建议；如果我们认为朋友说的没有道理，就可以保持自己的观念。很多人都特别喜欢争辩，一旦发现自己与对方意见有分歧，就会争辩不休。其实，每个争辩的人都认为自己绝对是正确的，这使得争辩越来越激烈。争辩最终的结果就是伤害感情，而并不能达成共识。在这种情况下，不如先把争辩的问题暂时搁置下来，等到双方都恢复平静之后，再去进行协商，或者进行深入的沟通，反而更能够达到预期的目的。

在争辩之中，没有任何人能够获胜。不管是人与人之间相处，民族与民族之间相处，还是国家与国家之间，很多时候都是由争辩而引起了不愉快。所以我们要知道，是非对错都是相对的，既然人是主观动物，那么，每个人难免会从自身的主观角度出发考虑问题。既然如此，互相谅解，彼此谦让，才是最明智的处理方式。

参考文献

[1]党博.做个有出息的女孩[M].北京：中国纺织出版社，2020.

[2]青楚.做个有出息的女孩[M].北京：中国华侨出版社，2018.

[3]周舒予.孩子，你要做个有出息的女孩[M].北京：北京理工大学出版社，2020.